覆膜水稻节水高产生理机制及技术

李　森　高　阳　刘战东　等著

黄河水利出版社

·郑州·

内 容 提 要

本书从土壤水分温度变化、植株根系功能、叶片光合效率、水氮吸收利用等方面重点介绍了覆膜水稻既节水又增产的生理机制,并在此基础上建立了覆膜旱作稻田的水分生产函数和基于水量平衡的土壤水分分布模拟模型及作物蒸散估算模型,之后应用情景模拟方法,评估了不同灌溉情景下覆膜栽培水稻的耗水规律与水分利用效率。

图书在版编目(CIP)数据

覆膜水稻节水高产生理机制及技术/李森等著 . —
郑州:黄河水利出版社,2023.10
ISBN 978-7-5509-3769-7

Ⅰ.①覆⋯   Ⅱ.①李⋯   Ⅲ.①水稻栽培-地膜栽培
Ⅳ.①S511.048

中国国家版本馆 CIP 数据核字(2023)第 201615 号

组稿编辑 杨雯惠   电话:0371-66020903   E-mail:yangwenhui923@ 163.com

责任编辑 景泽龙   责任校对 王单飞
封面设计 黄瑞宁   责任监制 常红昕
出版发行 黄河水利出版社
地址:河南省郑州市顺河路 49 号   邮政编码:450003
网址:www.yrcp.com   E-mail:hhslcbs@ 126.com
发行部电话:0371-66020550
承印单位 河南田源印务有限公司
开　　本 787 mm×1 092 mm　1/16
印　　张 6.25
字　　数 150 千字
版次印次 2023 年 10 月第 1 版　　2023 年 10 月第 1 次印刷
定　　价 58.00 元

前　言

　　传统淹水稻作种植体系耗水量大、水分利用效率低下,发展节水稻作生产体系已成为当务之急。作为重要的节水稻作生产技术之一,水稻覆膜栽培(GCRPS)因具有显著的节水稳产效果,自问世以来广受关注。目前,有关水稻覆膜栽培的研究主要集中在覆膜栽培对水稻地上部生长、产量、需水耗水规律及氮肥利用率的影响,而关于其节水增产的生理过程与机制尚不清楚,有关覆膜稻田水分利用效率的评估也鲜见报道。本书将作者关于覆膜水稻方面的研究进展进行汇总,以期通过本书的出版充分反映出来,帮助科研人员、农业技术人员和种植户按照本书中评估过的技术指标进行规范化和标准化生产。

　　本书采用以传统水稻淹水栽培为对照,通过室内水培试验、温室土柱试验及田间试验,综合分析了覆膜栽培(覆膜湿润和覆膜旱作)对水稻根系生长、形态、分布及吸收功能的影响,以及覆膜栽培条件下水稻冠层的水分生理特征、水氮吸收利用状况及其相互关系,探讨了覆膜水稻节水增产的生理过程和机制,建立了覆膜旱作稻田的水分生产函数和基于水量平衡的土壤水分分布模拟模型及作物蒸散估算模型,在此基础上,应用情景模拟方法,评估了不同灌溉情景下覆膜栽培水稻的耗水规律与水分利用效率。主要研究结论如下。

　　生育前期(田间试验分蘖中期前和温室土柱试验分蘖初期前),各处理根系层土壤含水量均维持饱和,水分供应充分,但覆膜增温效应显著促进了覆膜栽培水稻的根系生长和分枝,而单位根长吸水系数(包括实际吸水系数和潜在吸水系数)则较淹水处理(TPRPS)显著减小。之后,覆膜增温效应逐渐减弱直至消失,而根区土壤含水量则显著降低,从而使得覆膜栽培水稻根系生长与分枝受到抑制,但单位根长吸水系数则与 TPRPS 处理持平甚至显著提高,变化趋势与生育前期正好相反,尤其是覆膜旱作栽培处理,这种趋势更为明显。在全生育期内,虽然土壤温度和水分对根长密度分布产生显著影响,但无论传统淹水还是覆膜栽培水稻,其相对根长密度分布规律仍然基本一致,可统一描述为一个具有一定物理意义的指数函数。

　　生育前期,各栽培条件下水稻的蒸腾速率无显著差异,但覆膜增温效应使得 GCRPS 处理水稻的光合速率显著高于 TPRPS 处理。之后,覆膜栽培水稻的蒸腾速率及光合速率随根区含水量的降低均显著下降,但蒸腾速率受限制的程度显著高于光合速率。其原因可能与植株含氮量有关:研究结果表明水稻最新展开叶的光合速率与其比叶氮呈线性正比关系($R^2 = 0.39^{**}$),而覆膜栽培水稻的比叶氮均显著高于 TPRPS 处理,因而覆膜栽培水稻光合作用受到较小程度的抑制,这种趋势随植株生长有所衰减。与 TPRPS 处理相比,覆膜增温效应导致 GCRPS 处理叶面积显著增大、生育前期蒸腾增加,而生育中后期根系层土壤含水量的减少则使其蒸腾速率显著减小,就整个生长季而言,覆膜水稻的蒸腾量相对于淹水栽培平均下降了 7.9%;在根系吸氮方面,与上述光合速率和比叶氮间的关系类似,水稻根系吸水、吸氮能力与比根氮同样也呈较好的线性正比关系($R^2 = 0.76^{**}$ 和

$R^2 = 0.69^{**}$），且不受氮素形态、氮素浓度及作物生育期的影响，覆膜旱作等措施使得GCRPS 处理稻田中的深层渗漏大大减少、氮淋失大大降低，其结果便是根系层土壤可供氮总量显著增多，而生育前期的覆膜增温效应则加速了氮的转化和根系吸收，因此GCRPS 的吸氮量较 TPRPS 处理平均升高达 96.3%，故覆膜栽培水稻能够拥有更强的水分利用效率及光合效率，从而有效缓解生育后期的水分胁迫对光合作用的抑制，保持在生育前期建立的生长优势并最终实现节水增产。

构建并校验了基于 Jensen 模型的覆膜旱作稻田水分生产函数，基于水量平衡法构建的土壤水分分布模拟模型，土壤含水量实测值与模拟值的均方根差和相对均方根差分别不高于 0.039 cm³/cm³ 和 14.7%。基于上述模型，设定覆膜湿润、覆膜 100% 旱作、覆膜90% 旱作、覆膜 80% 旱作和覆膜 70% 旱作 5 种灌溉制度，模拟结果表明，覆膜旱作水稻产量均高于淹水处理，覆膜栽培条件下，稻田的蒸发量、蒸腾量、深层渗漏量、径流量和产量均随灌溉量的减少而减小，水分利用效率却随之升高，其中覆膜湿润栽培的水稻产量最高，较传统淹水提高了 13.8%，覆膜 70% 旱作处理水稻的总水分利用效率最高，较传统淹水和覆膜湿润分别提高了 121.4% 和 27.8%。

感谢国家自然科学基金重点项目"水稻覆膜旱作节水、排污和减排温室气体的效应与机理"的资助，感谢左强教授、石建初教授、吴训、Alon Ben-Gal、金欣欣、马雯雯、范金杰、王晓瑜、张沫、刘文、李淑娟、范豫川等的帮助，才使得上述研究得以顺利开展。

本书虽然经过多次讨论和反复修改，仍难免存在一些不妥之处，为使其更臻完善，敬请读者多加指正。

作　者

2023 年 9 月

目　录

第 1 章 绪 论

1.1 研究背景与意义

水稻是世界主要粮食作物之一,全球一半以上的人口以水稻为生,摄入能量约占能量摄入总量的 20%,且需求量仍在以每年 8 万~10 万 t 的速度增长(Seck et al. ,2012)。全世界水稻的种植面积达 1.6 亿 hm^2,年产量约 7.4 亿 t。其中,亚洲水稻种植面积占世界的 88%,而中国又是亚洲最主要的生产国之一,种植面积达 0.3 亿 hm^2,占世界种植面积的 19%,年总产量达到 2.1 亿 t,占世界水稻生产总量的 28%。我国水稻单产高于其他两种主要农作物(小麦和玉米),播种面积和总产量分别占三种粮食作物总量的 33% 和 38%。因此,水稻在我国粮食种植体系中的地位极为重要,确保水稻生产对保障我国粮食安全具有十分重要的意义。

我国是世界上最缺水的 13 个贫水国之一,人均水资源占有量仅为世界人均占有量的 1/4(张利平 等,2009)。在灌溉作物中,水稻属耗水最多的大田作物,年灌溉用水量约占农业用水量的 65%、用水总量的 40% 以上;就单季作物而言,水稻的耗水量为其他旱地作物的 3~5 倍(司徒淞 等,2000)。因此,水稻灌溉在农业乃至国民生产用水体系中占有举足轻重的地位。我国北方稻区(秦岭-淮河以北)气候相对干旱、土壤偏沙,导致传统淹水水稻种植经常面临干旱威胁(Tao et al. 等,2006)。南方稻区虽然降雨丰沛,但因地形受到季风气候的影响,水资源在年内和年际间分布差异很大,季节性干旱频繁发生,已成为该稻区缺水的主要原因(程旺大 等,2002)。另外,人口的增长、城市和工业的发展及环境污染的加重,加剧了农业灌溉用水的短缺。目前,我国水稻栽培大部分仍采用传统淹水种植体系,耗水量巨大,灌溉水利用效率低下,发展节水稻作生产体系日趋紧迫,已成为保障我国乃至全球粮食安全和可持续发展的必然举措之一(Bouman, 2007;Jiang, 2009)。

在传统淹水栽培中,水稻耗水可分为有效生理耗水(主要指蒸腾)和无效非生理耗水(包括蒸发损失、地表径流及深层渗漏)两部分。有研究结果表明,水稻耗水量中,仅 15%~20% 为生理蒸腾需水(Bouman, 2001)。我国南方稻区的用水量为 6 000~9 000 m^3/hm^2,其中生理耗水占 30%~40%,水分利用效率为 0.6~0.9 kg/m^3;北方稻区的用水量为 7 500~22 500 m^3/hm^2,其中生理耗水占 20%~30%,水分利用效率为 0.4~0.8 kg/m^3(司徒淞 等,2000)。从减少无效水分消耗来看,水稻生产节水潜力十分巨大。水稻属沼泽植物,在长期系统发育过程中产生了对水旱环境适应的两重性,具有明显的"半水生"特点(陈书强 等,2005),在满足生理需水量的前提下,同样具有较强的旱作生理特征。水稻的这种需水特点,为发展节水型水稻栽培体系提供了理论可行性,且节水潜力十分巨大。

近年来,不同形式的节水水稻生产体系越来越受到人们关注,如干湿交替灌溉

（Bouman et al. ,2001；Belder et al. ,2004）、湿润栽培技术（Borrell et al. , 1997）、水稻强化栽培体系（Stoop et al. ,2002）、旱稻（Bouman et al. , 2005）和水稻地表覆盖栽培（Lin et al. ,2002）等，均在不同程度上解决了水稻耗水量过大的问题，取得了一定的节水、稳产效果。其中，水稻地表覆盖栽培（Ground Cover Rice Production System，GCRPS）包括薄膜和秸秆覆盖两种形式，其中覆膜栽培不仅能够起到节水的效果，而且在许多地区能够提高土壤温度，显著增加水稻籽粒产量（Liu et al. , 2003；Fan et al. ,2005；Fan et al. ,2012；Qu et al. ,2012；Liu et al. , 2013；Tao et al. , 2014），从而得到了国内外研究者的广泛关注。

水稻覆膜栽培是指在水稻全生育期内不建立水层，地表覆盖厚度为 5~7 μm 的塑料薄膜进行水稻生产的技术（沈康荣 等，1997；Lin et al. , 2002）。包括两种模式：①覆膜湿润栽培。全生育期根系层土壤含水量保持饱和或近饱和，即保持沟中有水、厢面无水层的状况。②覆膜旱作栽培。水稻分蘖中期前，其管理方法与覆膜湿润栽培相同，之后采用间歇灌溉，保持根系层土壤含水量处于非饱和状态。

与传统淹灌水稻相比，水稻覆膜栽培农田土壤环境发生了较大改变（沈康荣 等，1997；彭世彰 等，2001）：①覆膜会显著提高根层土壤温度，尤其是生育前期（Liu et al. , 2003；Tao et al. , 2006；Liu et al. , 2014；Tao et al. , 2015；马雯雯 等，2015）。②传统淹灌水稻根区土壤含水量饱和，但分蘖中期后，覆膜旱作栽培水稻的根区土壤含水量处于非饱和状态，甚至可能出现水分胁迫现象（Jin et al. , 2016；金欣欣 等，2017；马雯雯 等，2017）。③生育早期显著升高的土壤温度会促进氮素的转化（Rodrigo et al. , 1997），另外由于薄膜的存在和水层的消失，覆膜栽培非生理耗水量（如蒸发、深层渗漏等）显著减少，可能会显著减少氮素流失（Tan et al. , 2015；Jin et al. , 2016）。因此，由于覆膜栽培水稻生长环境的改变，其生理过程及生长必然发生显著变化。

近年来，随着覆膜栽培水稻生产体系推广面积的不断扩大，相关学者已针对该体系的地上部生长、产量、需耗水规律及氮肥利用效率等方面开展了较多研究。覆膜栽培对水稻产量的影响，近些年来的研究结果不尽相同，不同的结论与试验点的气候特征、土壤条件、水稻品种、种植年限和栽培措施等因素有关。从地域分布来看，覆膜栽培产量持平和降低的地区主要分布在东南稻区，如浙江、安徽、江苏、广州等地（刘芳 等，2004；Xu et al. , 2007a；Xu et al. ,2007b；张自常 等，2010），主要原因为在上述地区水分和温度不是水稻生长的限制因子，覆盖地膜的增温效应反而对水稻生长不利（Zhang et al. , 2008）；在季节性缺水和生长前期低温限制的稻区如湖北、四川、黑龙江等地，覆膜栽培水稻的氮肥利用率和产量显著提高，主要是由于在生育前期的覆膜增温效应导致分蘖数显著增多，有效穗数显著提高，从而产量得到提高（沈康荣 等，1998；汪晓春 等，2001；Liu et al. , 2003；Fan et al. , 2005；Fan et al. , 2012；Qu et al. , 2012；Liu et al. , 2013；Liu et al. , 2014；Tao et al. , 2014；Tao et al. , 2015；Jin et al. , 2016；马雯雯 等，2017）。在水分消耗方面，有研究表明，相对于传统淹水种植体系，覆膜栽培水稻生产体系的深层渗漏量、蒸发量显著减少，虽然径流量略有增加，但整体非生理耗水量及生理耗水量（蒸腾量）均显著减少，总耗水量、灌溉水量和蒸腾水分利用效率显著升高（Liu et al. , 2005；Tao et al. , 2015；Jin et al. , 2016）。

覆膜栽培不仅可以显著减少非生理耗水量,在生理耗水量显著减少的同时还能实现稳产甚至增产。然而,有关覆膜栽培水稻节水增产的生理过程及机制尚不清楚,如相关的覆膜栽培水稻根系特征与功能、植株水分与氮素状况、蒸腾与光合性能、水氮吸收利用及其相互关系研究,至今鲜有报道。另外,有关覆膜栽培水稻水分生产函数构建及灌溉制度优化,有助于进一步提高其水分利用效率的研究也少有报道,这将大大限制该技术在生产实际中的推广应用。综上所述,水稻覆膜栽培生产体系依然缺乏必要的理论基础和科学指导,开展覆膜栽培水稻节水增产生理过程与机制及水分利用效率评估的研究对于该生产体系的进一步推广应用及可持续发展具有极为重要的理论意义和应用价值。

1.2　国内外研究现状

1.2.1　水稻根系特征与功能

覆膜栽培条件下,种植方式及土壤水分条件的改变,必然会导致水稻根系和冠层的生长发育及产量形成发生明显变化。地膜覆盖改变了水稻生长的环境条件,尤其是土壤温度。地膜覆盖的增温机制主要有:①地膜减弱了土壤与外界的显热交换,增大了土壤热通量。②地膜隔绝了土壤与外界的水分交换,消除了潜热交换的损失。③地膜及其表面黏附的水层削弱了外界的长波辐射,使夜间土壤有效辐射减小,温度下降减缓(王树森 等,1991)。已有研究表明,与淹水栽培相比,生育前期的覆膜增温效应使得覆膜栽培水稻分蘖发生早且单株的分蘖速度和数量显著提高(沈康荣 等,2009),地上部生长得到显著促进,其生物量和叶面积均显著高于传统淹水水稻(黄义德 等,1999;Tao et al.,2015;Jin et al.,2016);生育中后期由于水分胁迫的出现,地上部生长速率有所降低,优势逐渐减弱(Qu et al.,2012;Tao et al.,2014)。

根系作为作物吸收水分与养分的主要器官,对地上部生长发育、产量形成及作物抗旱性具有举足轻重的作用,其自身的生长、形态、分布与功能也受到土壤温度及水分等环境条件的显著影响。一般认为,较低的土壤温度会直接作用于根系,影响其生长、分枝、吸收功能(Arai-Sanoh et al.,2010;Nagasuga et al.,2011),也会抑制激素类信号物质(生长素、脱落酸及细胞分裂素等)在根系的产生及其向地上部的转运(Xie et al.,2000;Fukaki et al.,2002),限制该类物质功能的实现。水稻根系的类型一般可分为不定根、粗分枝根和细分枝根(Gowda et al.,2011),不定根主要起到扩大根系吸收面积和增强固着或支持植株的作用;分枝根中直径较大且具有再分生能力的部分通常被称为粗分枝,分枝根的长度占根系总长度的绝大部分,是吸收水分和营养的主体(Yamauchi et al.,1987)。研究表明,较低的土壤温度会显著限制水稻根系的生长及分枝,尤其是分枝根的产生及延伸,使根系总长度和表面积显著减小(Arai-Sanoh et al.,2010;Nagasuga et al.,2011),也会限制水通道蛋白的活性,使其单根吸收能力下降(Mari et al.,2008)。不过也有研究结果表明,在土壤低温条件下水稻根系水通道蛋白丰度会升高,其根系吸收功能并没有显著下降(Kuwagata et al.,2012)。

传统淹水灌溉条件下,土壤含水量高,会造成土壤少氧、缺氧的环境,根系活性不高,当根表氧浓度低于 $0.001\ mol/m^3$ 时水稻根系会停止生长(潘晓华 等,1996)。稻田旱作后,一般认为由于水分胁迫的存在会限制根系生长(Zhang et al.,2008),不过从根系生长发育角度考虑,轻度水分胁迫有利于水稻根系的生长发育(方荣杰 等,1996),但如果土壤过分干旱,就会造成根系生长和生理功能降低,导致冠层功能减弱,从而影响产量(赵言文 等,2001)。一般认为作物在遭遇水分胁迫后会增加分枝根尤其是细分枝根的数量及长度,以较小的物质和能量损耗尽可能加大根系与土壤的接触面积,从而使根系更容易获取水分和氮素营养(Kano-Nakatal et al.,2011;Chu et al.,2014)。分枝根的形成和生长是一个非常复杂的过程,需穿过几层特定的细胞结构,若有其他土壤条件并不适宜细分枝根的生长及功能发挥,根系也会做出其他变化来应对水分胁迫(Peret et al.,2009),例如:已有研究表明旱作条件下水稻根系弯曲多,粗分枝多且长,根毛茂密(巫伯舜 等,1985;张玉屏 等,2001)。水分胁迫条件下,作物选择增加根系中细分枝根长度,除可以加大根系与土壤的接触面积外,也通常认为新生的细分枝根具有更高的吸收能力,有利于根系吸收功能的提高。不过有研究发现,水稻单根吸收能力与形态之间不存在必然的关系,某些条件下直径较粗的分枝根通过提高水通道蛋白丰度及活性等途径也可以具有比拟甚至超过细分枝根的吸收性能(Kato et al.,2011;Henry et al.,2012)。另外,也有研究表明,水稻在面临水分胁迫时(土壤含水量动态变化),会选择抑制细分枝根生长、更积极地改变较粗分枝根的结构组成来稳定甚至降低其水力传导度和显著提高水通道蛋白的表达水平,通过上述变化来稳定根系的导水能力和提高其吸收能力,从而更为有效地控制整个植株的水分状态,避免其剧烈变化对各重要的生理生化过程产生影响(Henry et al.,2012)。综上可知,虽然根系形态的变化可以在很多情况下在一定程度上反映根系吸收性能的变化,但并不绝对。有最新研究结果表明,冬小麦根系中氮素含量可以很好地反映其吸收能力,即单位根长的氮素含量与其吸收能力呈显著的线性正比关系(Shi et al.,2009;Shi et al.,2013),但目前尚未有研究定量分析水稻根系吸收性能是否与其氮含量有关,该内容有待进一步研究。

强大的根系是作物抵御干旱的一种主要方式,而根冠比则在协调作物地上部和地下部生长、吸水与失水平衡方面起着重要作用。土壤水分状况的变化在影响作物根系的同时,势必造成作物光合产物分配的变化。在水分胁迫条件下,作物净光合产物减少,干物质较多分配于根系,增强根系发育,减弱叶冠生长,以提高抗旱能力,导致根冠比增大。促进根系生长、增大根冠比是适度水分调控条件下作物生长补偿的重要原因。不过水稻在旱作条件下,根冠比有显著下降的情况,这些研究认为旱作条件下水稻根系的生长可能不是干物质在根系和冠层适应性调节的结果,生育前期表层土壤基质势的下降似乎非常不利于水稻根系生长(Azhiri-Sigari et al.,2000;Kato,2010;He et al.,2014)。

然而,因田间条件下获取作物根系相当困难和费时,为数不多的关于覆膜栽培水稻根系生长、形态、分布及功能的研究结果可概括为:①覆膜栽培水稻根系多为白色,而淹水水稻根系多为黄褐色甚至黑色(吴文革 等,1998)。②在水稻生长发育中期、早期,相对于传统淹水种植,覆膜栽培能促进水稻根系生长,表现为根干重增大,但在水稻生长发育后期,情况正好相反(Zhang et al.,2008)。③覆膜栽培水稻在抽穗期和成熟期的总根长及根表面积均小于传统淹水水稻,并且因根径较大而导致比根长较小(蔡昆争 等,2006)。可以看出,有关覆膜旱作水稻根系方面的研究目前仍处于初期探索阶段,缺乏系统性、连续性分析,尤其缺少根系吸水性能方面的研究,不足以了解该体系下水稻根系的生长、功能状况及支撑该体系的改善和推广。

1.2.2 水稻氮素吸收规律

氮素对作物生理和生长的影响仅次于水分,是其正常生长所需的最主要的营养元素之一,是植物体内蛋白质、核酸、酶类、叶绿素及许多内源激素等重要物质的必要组成成分(Stitt,1999)。这些氮化物主要集中在叶片、根系、分生组织和其他生命活动旺盛的区域,是植物实现其生理功能(如光合作用、呼吸作用、新陈代谢、根系吸收等)的物质基础(张福锁,1993)。另外,氮化物也是一种适宜的溶质,主要存在于植物体细胞的液泡、细胞质、基质等各个部位,是植物体内重要的渗透剂,所以植物体内氮化物的含量对植物吸收土壤中的水分也具有一定的渗透调节作用(Rabe,1990;张福锁,1993)。

水稻各生育期的吸氮量,因品种、施肥水平和生育阶段的气候条件而有变化,但一生中氮吸收比例最多的时期,多数研究者结果较为一致,即吸氮的高峰出现在穗分化到抽穗期(Fan et al.,2005;Tao et al.,2014),一般可占全生育期吸收总量的50%左右(丁颖,1961)。土壤水分及温度是影响氮素功能的重要因子,对氮在土壤中的转化、迁移、吸收及利用均有较大影响。稻田覆膜旱作后,土壤低温可能会降低氮素转化速率,削弱土壤供氮能力,同时限制根系对氮素的吸收能力(Liu et al.,2003;Fan et al.,2005;Liu et al.,2005)。土壤水势下降后,氮素向根表移动减慢(王喜庆 等,1997)。然而由于水层消失,随深层渗漏和径流损失的氮素可能显著减少,可提高土壤中氮素含量(Tan et al.,2015)。一般认为水分胁迫会限制作物对氮素的吸收,该结果已见于许多物种,例如:冬小麦(Xu et al.,2006)、玉米(Ghosh et al.,2010)、马铃薯(Ferrario-Mery et al.,1998)、春大麦(Krcek et al.,2008)及羊草等(Xu et al.,2005)。关于水稻,通常认为保持一定水层对水稻吸收氮素有利,也有研究表明,轻度水分胁迫并不会降低水稻对氮素的吸收(杨建昌 等,2002)。关于覆膜栽培水稻的吸氮规律也有部分研究成果,覆膜栽培水稻吸氮量会随干物质和产量增加而有所增加(Liu et al.,2003;Fan et al.,2005;Ai et al.,2008;Qu et al.,2012),其主要原因归结为土壤温度的升高加速了氮肥的转化及随非生理耗水损失的氮素减少,使土壤供氮能力变强。除上述原因外,作为主要吸收器官的根系在植株吸氮过程中必定起着非常大的作用,有必要进一步研究覆膜栽培水稻根系吸氮能力的变化。

根系的大小、形态及分布特征可在一定程度上反映其吸氮能力的强弱。通常在氮缺乏时,植物向根系投入碳的比例增加,以便获取更多的氮(吴楚 等,2004)。与构建粗根相比,同样重量的碳用于构建细根可能提高其氮素吸收效率。根系分布深度对截获氮的能力,尤其是对易淋失的硝态氮的吸收具有重要作用(Gastal et al.,2002)。除根系的大小、形态及分布特征可反映其吸氮能力外,在上部分已讨论,根系中的氮素含量也可能是衡量水稻根系吸氮能力的重要指标(Shi et al.,2009;Shi et al.,2013)。另外,根系在吸收水分的同时,对氮素的主被动吸收也是反映根系吸氮能力的重要特征,为了宏观上反映根系对氮素吸收的主动性与被动性,相关学者提出了根系吸氮因子 δ 的概念(Dalton et al.,1975;Schoups et al.,2002;Ingwersen et al.,2005;Shi et al.,2007;Shi et al.,2009;Zhu et al.,2010;Shi et al.,2013):

$$\delta = \frac{10M_u}{T_a C_N} \tag{1-1}$$

式中, M_u 为某个时期植株氮素吸收量,kg/hm²; T_a 为相应时期的蒸腾量(吸水量),cm; C_N 为土壤中的无机氮浓度,mg/L;10 为单位转换系数。

当 $0<\delta\leq1$ 时,认为植株对氮素只有被动吸收;当 $\delta>1$ 时,认为植株对氮素既有被动吸收又有主动吸收(Dalton et al.,1975;Schoups et al.,2002;Ingwersen et al.,2005)。

该方法概念清楚,计算简便,所需参数也较少,不仅体现了根系对氮素吸收的主动性与被动性,同时也体现了溶质与植物自身的特性。

综上所述,相对传统淹水,覆膜栽培稻田的土壤温度和水分条件发生显著变化,由此其土壤供氮能力、水稻地上部生长与需氮规律、根系生长形态特征及吸收能力均可能发生显著变化,然而目前综合分析上述内容来解释覆膜栽培水稻氮素吸收规律的研究仍鲜有报道。

1.2.3　水稻节水生理特征

覆膜栽培稻田土壤温度及水分条件的变化,导致水稻生长和产量显著提高,其内在生理过程也必然发生显著变化。水稻具有半水生性或双重适应性,既非典型水生植物,又非典型旱作植物(柏彦超 等,2008)。多年来,为了提高水稻对水分的利用效率,专家学者们一直致力于研究水稻的抗旱机制及水分胁迫条件下水稻形态、生长发育的生理生化过程及其与产量的关系。

目前,关于土壤低温会不会导致蒸腾速率下降仍未有较为一致的结论,有研究表明,低温会导致蒸腾速率显著减低(Nagasuga et al.,2011),有的研究则表明没有显著影响(Shimono et al.,2004;Kuwagata et al.,2012)。除外界气象条件外,叶片蒸腾速率主要通过植株体内水势的变化而影响气孔开闭(气孔导度)来控制,植株体内水势的变化取决于根系吸水量是否与冠层需求量相匹配。在前文的讨论中发现土壤低温会限制根系的生长,造成根系吸水能力降低。但同时也会显著抑制地上部的生长,致使冠层需水量降低(Shimono et al.,2002),至于谁占主导因素,可能因品种、土壤、气候等条件的不同发生变化。目前,关于土壤低温条件水稻光合速率变化状况的研究也尚存在一定分歧,有研究结果表明,较低的土壤温度会降低叶片 SPAD 值和扩散导度(气孔导度和叶肉细胞导度)来降低叶片光合速率(Arai-Sanoh et al.,2010),不过也有研究发现,土壤低温条件下水稻也会通过减小比叶面积(叶面积与干重的比值)即提高叶片厚度(单位叶面积中可含有更多的叶绿体和参与光合作用的酶)来缓解甚至消除土壤低温对光合作用的影响(Shimono et al.,2004;Kuwagata et al.,2012)。不过目前大家较为一致的观点是,土壤低温基本没有直接对光合作用产生限制,更多的是通过限制根系对水分氮素吸收,产生轻度水分胁迫导致气孔关闭和产生氮素营养胁迫,使参与光合作用的 CO_2、叶绿体及酶等物质供应不充足,从而对光合作用产生抑制。

叶片的含水量或水势可反映土壤水分状况,同时又与气孔调节、蒸腾及光合密切相关,是作物水分状况监测的主要指标。水分胁迫条件下,叶水势降低的降幅与胁迫程度和历时有关(牟筱玲和鲍啸,2003)。水分亏缺时,气孔的响应最迅速,气孔会变长、变窄,密度增加,气孔开度或导度降低,气孔阻力增加(杨建昌 等,1995;于海秋 等,2003),另外,水分亏缺会使气孔在一天内达到最大开度的时间提前,维持最大开度的时间减少,并提前关闭,短期的胁迫反应可逆(张明炷 等,1994)。气孔是叶片水分散失的出口和光合所需 CO_2 的入口,水分亏缺条件下,通过气孔调节限制水分蒸腾,在光照等因素的调节下保持一定的 CO_2 通量,维持植株的水分和 CO_2 平衡(陈亚新 等,1995;Mullet et al. ,1996)。

通常认为蒸腾速率和气孔导度为正线性关系(杨涛 等,2002),且蒸腾速率比光合速率对气孔导度的变化更敏感(张继祥 等,2003;鲍玉海 等,2005),即在相同水分处理下蒸腾速率的降幅大于气孔导度和光合速率,叶片水分利用效率增加(廖建雄 等,2002;高延军 等,2004;刘祖贵 等,2005)。光合作用是绿色植物生命活动的能量和物质基础,水是光合作用的原料之一,但光合作用需水量仅占植物吸水量的 1%(关义新 等,2000),水分对光合作用的影响主要是通过影响光合作用的限制因子而间接产生的。由于光合作用与蒸腾作用存在共同的通道——气孔,因此一般认为水分胁迫导致气孔导度与蒸腾速率降低的同时,光合作用不可避免地受到限制,光合速率降低(王志琴 等,1998)。水分亏缺导致光合作用下降的原因是多方面的,主要包括气孔限制和非气孔限制两个方面,前者是由于气孔关闭、气孔导度降低,CO_2 供应受阻,导致胞间 CO_2 浓度下降;后者主要有 CO_2 扩散阻力增大,叶片水解淀粉能力加强,糖类堆积,光合产物输出减缓(Chaves,1991),显著降低光合作用相关酶的活性和叶绿素含量,加速叶片的衰老等(赵平 等,1998;Maroco et al. , 2002;Parry et al. , 2002;Flexas et al. , 2004;Shahnazari et al. , 2007;Ahmadi et al. , 2014)。此外,严重水分胁迫将导致光合器官受损及光合作用的光化学活性丧失(孙骏威 等,2004)。

植物叶片氮素含量的 75% 用于构建叶绿体,叶片氮含量可以通过影响叶绿体数目、改变叶绿体基粒结构、改变叶片气孔导度等途径影响叶片的光合速率(Makino et al. ,1994;吴良欢 等,1995;Porter et al. ,1999),所以氮素缺乏常常会成为植物生长的限制因子。土壤温度及水分是植物生长发育的重要生态因子,其耦合效应必然会对氮素在植株体内转运、再分配与利用产生较大影响(陈锦强 等,1983)。土壤温度会影响氮素在植株体内的存储,已在多种植物中发现生育前期土壤低温会显著降低植物液泡中的硝态氮含量(Mahdavi et al. ,2010;Zhao et al. ,2012)。一般认为,硝态氮可以在作物体内大量存在,而不像铵态氮积累容易造成作物伤害,植株 58%~99% 的硝态氮储存在液泡中,具有非常重要的生理学意义(Hageman et al. , 1980),例如:在氮素供应不充足时,可以被转运供植株利用;在植株受到水分胁迫,碳水化合物合成受阻时,氮化物可以替代有机物作为渗透剂调节细胞的渗透势,提高细胞吸水能力(Dodd et al. , 2003)。也有研究表明,轻度水分胁迫可促使水稻叶片和茎鞘中储存的氮素参与再分配和利用(杨建昌 等,2002)。与淹水种植相比,旱作水稻全氮含量较高,碳氮比较低,这可能是水分胁迫条件下水稻仍保持体内较高水势的重要原因之一(郑丕尧 等,1990)。

综上所述,当受到适当的温度和水分胁迫时,作物会通过调节自身的一些生理功能从而使其产生抗逆性,克服不利影响。然而,由于水稻具有对水旱的双重适应性,与常规旱作物(如小麦和玉米)相比,其生理功能会有较大不同。况且与传统淹水稻田相比,覆膜栽培稻田中土壤水、肥、气、热状况都相差甚远,上述有关生理机制的研究成果尚无法直接用于分析其节水增产生理机制及过程。所以,应对覆膜栽培条件下水稻的节水生理机制开展更为深入、系统的研究,从而指导覆膜旱作水稻的灌溉,进一步提高水分利用效率。

1.2.4 稻田水分生产函数

作物水分生产函数即作物产量与水分消耗之间的数学关系。国外从 20 世纪 60 年代以来,对作物水分生产函数进行了试验研究。国内对作物水分生产函数的研究主要有两部分,一部分围绕旱作物冬小麦、夏玉米及棉花等展开,另一部分是水稻的水分生产函数研究(何春燕 等,2007)。由于作物产量和用水量的不同表达,有各种形式的水分生产函数。如作物产量可表示为经济产量和干物质产量;水量用作物蒸发蒸腾量、作物蒸腾量、灌溉水量及可利用水量等表达。作物水分生产函数可以分为两类,一类是产量与全生育期腾发量的关系,一类是产量与全生育期各阶段腾发量之间的关系。典型的全生育期水分生产函数有线性模型及二次函数模型;阶段性水分生产函数有加法模型和乘法模型。其中,加法模型主要有 Blank 模型、Stewart 模型、Hiller 模型和 Sudar 模型等,乘法模型主要有 Jensen 模型、Minhas 模型、Singh 模型和 Hanks 模型等(李霆 等,2005)。

水分生产函数可方便、清晰地反映作物蒸散与产量之间的经验关系,因而生产实际中常被用于制定和优化灌溉制度。迄今为止,许多学者已将公认比较合理和完善的水分生产函数(如 Jensen 模型、Minhas 模型、Blank 模型、Stewart 模型和 Singh 模型等)应用在水稻上,分析其适用性,对比研究表明(刘广明 等,2005;武立权 等,2006;王克全 等,2007;司昌亮 等,2013),水稻不同生育阶段对水分亏缺的敏感程度较为一致,由大到小依次为:抽穗扬花期、拔节孕穗期、分蘗期、乳熟期,但各生育期敏感系数的取值各不相同。吉林省松嫩平原向长白山山区过渡地带水稻分蘗期、拔节期、抽穗期和乳熟期的水分生产函数敏感指数分别为 0.110 4、0.290 2、0.492 4 和 0.107 0;黑龙江西部查哈阳灌区相应生育期的水分生产函数敏感指数分别为 0.214 3、0.332 0、0.475 1 和 0.166 6;宁夏引黄灌区相应生育期的水分生产函数敏感指数分别为 0.185 1、0.266 1、0.270 2 和 0.153 3;淠史杭灌区相应生育期的水分生产函数敏感指数分别为 0.213 4、0.491 0、0.582 7 和 0.114 9。Jensen 模型较为适宜描述我国水稻蒸散和产量间的关系。显然,水分生产函数可靠与否与蒸散量的准确确定密切相关,对于覆膜旱作稻田而言,薄膜覆盖和非饱和条件使得蒸散的确定较淹水稻田更为复杂(Jin et al.,2016),尤其是其中关于蒸腾的估算。

蒸腾即根系吸水的总和,除气象条件外,主要受根系和土壤水分分布的影响,常表示为土壤水分胁迫修正系数和相对根长密度分布的函数(Wu et al.,1999;Zuo et al.,2013;Ning et al.,2015)。Wu 等(1999)提出相对根长密度的概念,统计发现不同水分条件下小麦和棉花相对根长密度分布一致,可表示为一个具有一定物理意义的指数函数(Zuo et al.,2013;Ning et al.,2015),该规律的发现有助于根长密度分布的估算及水分运动的模拟,水稻相对根长密度的分布是否符合上述规律尚未可知。土壤水分胁迫修正系数依赖土壤水分分布而变化,只能通过数值模拟进行预测,通常采用土壤水动力学方法(Tan et al.,2015)或水量平衡法(Jin et al.,2016)来完成。土壤水动力学方法机制清楚、模拟精度较高,但所需参数较多、计算过程复杂;水量平衡法虽然模拟精度略低于土壤水动力学方法,但所需参数较少,模拟原理和计算过程相对较为简单。以上两种方法均已被成功应用于模拟土壤水分运动规律,从而服务于旱作物灌溉制度的制定与优化,可供覆膜旱作水稻借鉴,但覆膜旱作稻田中土壤饱和、非饱和条件的频繁交替可能会对水动力学模拟过程中参数的合理取值或线性化造成较大困难,并进而对结果的准确程度造成不利影响,而水量平衡法在处理这种频繁交替过程方面可能相对具有一定的优势。

1.3　存在的问题

综上所述,针对覆膜栽培水稻地上部生长特征(如分蘖数、叶面积的变化和产量及其构成因子)的研究,目前已经积累了一些成果。然而,可能由于田间条件下获取作物根系及对其分析相当困难和费时,导致目前关于覆膜栽培水稻根系方面的研究仍只是处于初期探索阶段,多数已有成果仅是针对个别生育期和个别根系指标进行分析,缺乏系统性、连续性分析,尤其缺少根系吸收性能方面的研究,不足以了解该体系下水稻根系的生长、功能状况和服务于解释其节水并增产的机制。

虽然目前绝大数研究表明在生育前期存在温度胁迫的地区,覆膜栽培水稻可以实现节水并增产,氮肥的农田利用率也会显著升高,但关于其节水增产生理过程及机制的研究至今少有报道,例如:蒸腾与光合速率在不同生育期的相对变化(什么时候开始变化及变化的幅度),各生育期水氮的吸收利用状况和叶片水分及氮素状况与其功能的关系等内容亟待研究和确定,从而为指导覆膜旱作水稻的灌溉,进一步提高水分利用效率提供理论依据。

覆膜旱作后稻田土壤处于非饱和状态,根系吸水(蒸腾)将受到一定程度的胁迫,进而影响水稻生长和产量,探究覆膜旱作条件下水稻水分与产量的关系对于进一步提高该生产体系的水分利用效率及可持续发展具有极为重要的意义,但目前关于覆膜旱作水稻水分生产函数及灌溉制度优化的研究则鲜见报道。

1.4　研究目标、内容、方法与技术路线

1.4.1　研究目标

一是阐释覆膜栽培水稻节水增产的生理过程与机制,为此首先探究覆膜栽培对水稻根系生长、形态、分布及吸收功能的影响,进而结合覆膜栽培水稻根系功能变化,综合分析

覆膜栽培水稻冠层水分生理特征、氮吸收利用状况及其相互关系;二是构建覆膜旱作稻田的水分生产函数和基于水量平衡的土壤水分分布模拟模型及作物蒸散估算模型,在此基础上,应用情景模拟方法,评估不同灌溉情景下覆膜栽培水稻的耗水规律与水分利用效率。

1.4.2　研究内容

(1)研究覆膜栽培对水稻根系生长、形态、分布及吸收性能的影响;水稻相对根长密度分布的规律;覆膜栽培对水稻干物质在根系和冠层分配的影响;定量分析根系吸收能力与其氮素含量的关系。

(2)研究覆膜栽培水稻氮素吸收规律及利用;覆膜栽培对水稻叶片水势及氮素状况的影响;覆膜栽培对水稻蒸腾及光合性能的影响;定量分析水稻叶片光合性能与其氮素含量的关系。

(3)基于 Jensen 模型拟合覆膜旱作水稻各生育期水分敏感系数并验证,构建覆膜栽培稻田的水分生产函数;构建基于水量平衡的土壤水分分布模型及作物蒸散估算模型并验证;应用上述模型,采用情景模拟方法,评估不同灌溉情景下的耗水规律、产量与水分利用效率。

1.4.3　研究方法

(1)布置不同氮素浓度、氮素形态等处理条件的室内水培试验(水稻生长至最大分蘖期),测量各处理条件下水稻的日蒸腾量、光合速率、根长和叶面积、根系及地上部干重与氮素浓度获得吸氮量等,计算获得比叶氮(叶片氮素含量与叶面积的比值)、单位根长吸水吸氮量(两次取样间的蒸腾量和吸氮量除以该段时间的平均根长)和比根氮(两次取样间的根系平均氮素含量与平均长度的比值)等指标,定量分析各处理条件下水稻叶片光合速率与其比叶氮的关系、单位根长吸水吸氮量与比根氮的关系,用于解释后续温室土柱试验和田间试验中水稻叶片光合性能及根系吸收能力的变化。

(2)布置温室土柱试验及在湖北省十堰市房县的 2 年综合性田间试验,监测各处理不同深度土壤水分及温度的变化,取样测量各处理不同生育期的土壤无机氮浓度,用于分析覆膜栽培土壤理化条件的变化。田间试验中原位取样获得水稻绝大部分的根系测其干重、氮素含量、总长度、不同径级(类型)根长、根平均直径、根表面积等数据,通过水量平衡法获得蒸腾量,基于上述数据计算其根长密度、相对根长密度、比根长(根总长度与干重的比值)、比根氮、根冠比和单位根长实际吸水系数(各时期平均蒸腾强度与相应时期根平均长度的比值)和潜在吸水系数(引入水分胁迫因子)等参数,基于覆膜栽培土壤理化条件相对传统淹水的变化,结合水培试验中关于水稻根系吸收功能的结果,分析覆膜栽培对水稻根系生长、形态、分布、干物质分配及吸收性能的影响和各处理水稻相对根长密度分布规律。

(3)基于上述温室土柱和田间试验,取样测量获得各处理条件下水稻不同生育期的分蘖数、叶面积、地上部干重及氮素浓度、叶水势、光合速率、蒸腾速率等数据,计算获得各处理条件下水稻的比叶氮、吸氮量(根系和地上部之和)和根系吸氮因子(两次取样间的吸氮量与相应蒸腾量及平均土壤氮素浓度的比值)等参数,同样基于覆膜栽培土壤理化条件相对传统淹水的变化,结合水培试验中关于水稻叶片光合性能与覆膜栽培水稻根系吸收功能变化的结果,综合分析覆膜栽培对水稻根系吸收功能、冠层节水生理指标、氮素吸收利用及光合性能的影响,从而解释回答覆膜栽培水稻的节水增产过程与机制。

(4)基于田间试验,通过已获得的覆膜处理水稻各生育期蒸散量,基于 Jensen 模型,拟采用其中一年的数据拟合获得各生育期的水分敏感系数,用另一年资料进行验证,构建覆膜栽培旱作水稻水分生产函数;以移栽当日实测的含水量为初始含水量,通过气象数据和彭曼公式等计算潜在蒸腾量和蒸发量,引入水分胁迫因子并依据降雨、灌溉、排水和根系分布等数据,分层逐日估算各水量平衡要素的数值,基于水量平衡法预测各土层土壤含水量的变化,通过 2 年实测含水量剖面数据进行校验,构建覆膜栽培稻田土壤水分分布模拟模型和作物蒸散估算模型;根据当地情况设定不同灌溉情景,以其中一年的气象条件为例,应用上述土壤水分分布模拟模型、作物蒸散估算模型及覆膜水稻水分生产函数,对不同灌溉制度下覆膜旱作水稻的耗水特征、产量及水分利用效率进行分析比较。

1.4.4　技术路线

为阐释覆膜栽培水稻节水增产的生理过程与机制,首先布置室内水培试验,在稳定的气象条件下,定量分析在不同氮素形态及浓度条件下水稻叶片光合速率与其比叶氮的关系、单位根长吸水吸氮量与比根氮的关系,用于解释后续温室土柱试验和田间试验中水稻叶片光合性能和根系吸收能力的变化。相对田间试验,温室土柱试验可较为容易和相对准确地获得水稻根系特征数据,另外,由于温室土柱试验不存在降雨、径流和深层渗漏等过程,水分消耗及氮素营养变化相对比较简单,温室土柱试验相应测量指标的结果可对田间试验结果进行验证。所以,在布置 2 年综合性田间试验的基础上,增设了室内土柱试验。通过两试验获取相应数据,基于覆膜栽培土壤理化条件相对传统淹水的变化,结合水培试验中关于水稻光合性能与根系吸收功能的结果,综合分析覆膜栽培对水稻根系生长、形态、分布、干物质分配及吸收性能的影响与对水稻冠层节水生理指标、氮素吸收利用及光合性能的影响,从而完成所设定的目标。

为评估不同灌溉情景下覆膜栽培水稻的耗水规律与水分利用效率,基于 2 年综合田间试验,依据各生育期蒸散量和产量等数据,基于 Jensen 模型拟合获得各生育期的水分敏感系数并验证,构建了覆膜栽培旱作水稻水分生产函数;依据灌溉、排水、根系分布和气象等数据,采用水量平衡模型分层逐日估算各水量平衡要素的数值,预测各土层土壤含水量的变化,通过 2 年实测含水量剖面数据进行校验,构建了覆膜栽培稻田土壤水分分布模拟模型和作物蒸散估算模型;根据当地情况设定不同灌溉情景,以其中一年的气象条件为例,应用上述土壤水分分布模拟模型、作物蒸散估算模型及覆膜水稻水分生产函数,对不同灌溉制度下覆膜旱作水稻的耗水特征、产量及水分利用效率进行分析比较。

技术路线如图 1-1 所示。

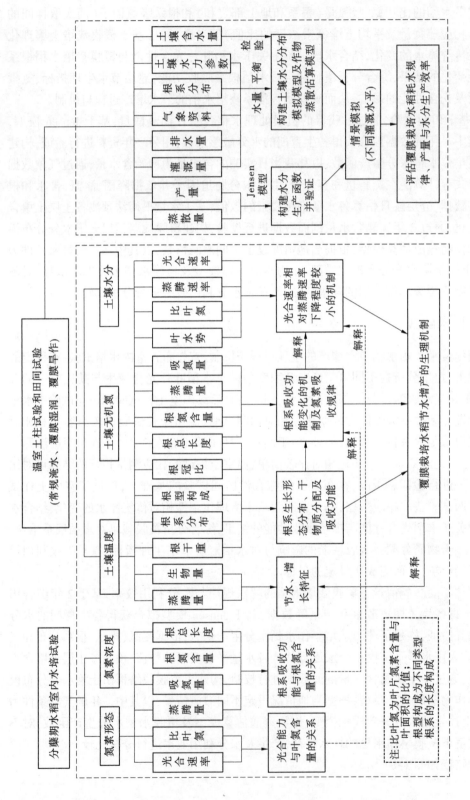

图 1-1　技术路线

第 2 章　材料与方法

为从根系形态与功能、氮素吸收利用与冠层节水生理等方面综合探究覆膜栽培水稻节水增产的生理过程与机制,为评估不同灌溉情景下覆膜栽培水稻的耗水规律与水分利用效率,进一步提高其水分利用效率提供参考依据,共布设了 2 年综合性田间试验、温室土柱试验和室内水培试验,具体试验设置、数据获取与计算方法等内容详见本章。相对田间试验,温室土柱试验可较为容易和相对准确地获得水稻根系特征数据,另外,由于温室土柱试验不存在降雨、径流和深层渗漏等过程,水分消耗及氮素营养变化相对比较简单,温室土柱试验相应指标的结果可对田间试验结果进行验证。在田间试验中,气象、土壤水分及氮素形态、含量等条件均在不停变化中,为定量分析在不同氮素形态、浓度营养条件下水稻叶片潜在的光合性能与叶片氮素含量、单位根长潜在的吸水吸氮性能与根系氮素含量的关系,服务于解释田间试验中覆膜栽培水稻叶片光合性能与根系吸收功能的变化,所以又布设了控制营养液不同氮素形态及浓度的、控制环境条件的水培试验。

2.1　田间试验(试验 1)

2.1.1　试验区概况(试验 1)

田间试验于 2013 年和 2014 年在湖北省十堰市房县高枧苗木场(32°7′11″N,110°42′45″E,海拔 440 m)进行,试验区地理位置如图 2-1 所示。房县位于秦巴山区,湖北省西北部,地势西高东低、南陡北缓,属北亚热带湿润季风气候,年平均气温在 14.2 ℃ 左右,夏季平均气温大都高于 25 ℃,年日照时数(1 850±150)h,无霜期(225±15)d,年平均降水量 83.0 cm 左右,雨日约(120±15)d(金欣欣,2016)。季节性缺水和早春低温是制约当地水稻生产的主要因素(沈康荣 等,1997),2013 年和 2014 年水稻生长季日降雨量见图 2-2,较常年气温,2013 年水稻生长季气温偏高,2014 年气温偏低且起伏较大(湖北气象局官网评价)。试验小区 0~60 cm 的土壤可分为 2 层,各层土壤质地与基本理化性质如表 2-1 所示。

2.1.2　试验设计与田间管理

试验共设 3 个水分处理。传统淹水处理(TPRPS):厢面不覆膜,除晒田期外水稻全生育期厢面保持 2~5 cm 水层。另两个均为覆膜栽培处理(GCRPS),其中覆膜湿润处理(GCRPS$_{sat}$):厢面覆膜,沟内有水而厢面无水层,除晒田期外保持根区(0~40 cm 土层)土壤处于饱和或近饱和状态;覆膜旱作处理(GCRPS$_{80\%}$):厢面覆膜,分蘖中期前水分控制与 GCRPS$_{sat}$ 一致,之后通过间歇沟灌保持根区土壤含水量为田间持水量的 80% 以上。

图 2-1　试验区地理位置

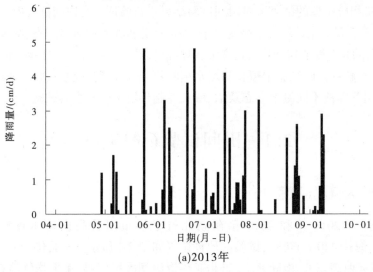

(a)2013年

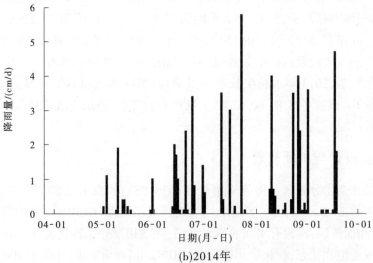

(b)2014年

图 2-2　2013 年和 2014 年水稻生长季日降雨量

表 2-1　各层土壤质地与基本理化性质

土层深度/ cm	沙粒/ %	粉粒/ %	黏粒/ %	ρ_b/ (g/ cm^3)	θ_s/ (cm^3/ cm^3)	θ_f/ (cm^3/ cm^3)	θ_r/ (cm^3/ cm^3)	K_s/ (cm/d)	α/m^{-1}	n	pH	SOM/ (g/kg)
0~20	20.3	60.0	19.7	1.36	0.464	0.409	0.076	6.92	0.24	1.460	6.2	13.9
20~60	17.7	65.0	17.3	1.53	0.438	0.382	0.081	0.45	0.60	1.182	6.4	7.7

注: ρ_b 为土壤容重; θ_s 为饱和含水量; θ_f 为田持含水量; θ_r 为残余含水量; K_s 为饱和导水率; α、n 均为水分特征曲线拟合参数(van Genuchten,1980); SOM 为有机质含量。

　　每个处理设置 3 个重复,共计 9 个小区,每个小区长 10 m、宽 9 m,为防止小区之间水分侧渗,四周铺设 80 cm 深的防渗膜。移栽前进行泡田整地,各小区布设 5 个长 9.4 m、宽 1.56 m 的厢面,厢面之间留有宽 15 cm、深 15 cm 的灌水沟(见图 2-3)。试验小区利用地下水进行灌溉,灌溉水井直径为 1 m,深 3 m。各处理肥料的施用量一致,包括尿素 225 kg/hm²(含 N 约 150 kg/hm²)、过磷酸钙 375 kg/hm²(含 P_2O_5 约 45 kg/hm²)、氯化钾 90 kg/hm²(含 K_2O 约 45 kg/hm²),所有的肥料一次性基施。施肥后随机选取 6 个小区用聚乙烯塑料薄膜(厚 5 μm,宽 1.7 m)对厢面进行覆盖。

　　试验所用水稻品种为宜香 3728(Oryza sativa L.),2013 年和 2014 年分别于 4 月 2 日和 4 月 5 日播种育苗,分别于 4 月 28 日和 4 月 29 日进行移栽(2 叶 1 心),每厢 6 行,株距为 18 cm,行距为 26 cm,每穴种植 2 株。分别于 7 月 3~11 日(66~74 d,移栽后的天数)、7 月 16~23 日(78~85 d)期间停止灌溉,进行晒田控蘗,之后分别于 8 月 19 日(113 d)和 8 月 28 日(121 d)停止灌溉,自然落干直至 9 月 10 日(135 d)和 9 月 19 日(143 d)收获。2013 年水稻生长季的平均气温和日光照强度为 22.2 ℃和 9.4 MJ/(m²·d),2014 年水稻生长季的平均气温和日光照强度为 21.3 ℃和 6.6 MJ/(m²·d)(见图 2-4),2014 年相对较低的温度和光照条件使得该年水稻晚熟 1 周左右。水稻生长期间病、虫、草害控制按照当地常规方法进行。

2.1.3　样品采集与分析

2.1.3.1　土壤参数

　　试验开始前,对试验小区 0~60 cm 的土壤分 3 层进行取样,分别测定土壤剖面 0~20 cm、20~40 cm、40~60 cm 的土壤质地、密度、饱和导水率和 pH 等土壤理化性质。各项目测定方法分别如下:

　　土壤密度:采用环刀法测定,首先用环刀取原状土,放入 105 ℃的烘箱内烘至恒重,然后称重计算单位体积内烘干土样的质量。

　　土壤质地:采用沉降法测定,计算沙粒(2.0~0.05 mm)、粉粒(0.05~0.002 mm)和黏粒(< 0.002 mm)含量百分比,并根据美国制土壤质地分类三角坐标图查出土壤质地名称。

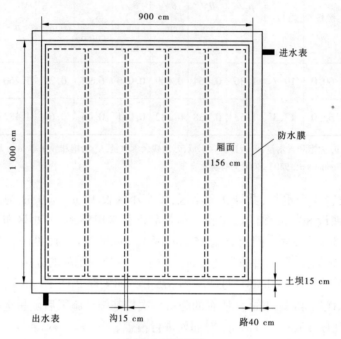

(a)试验小区平面图

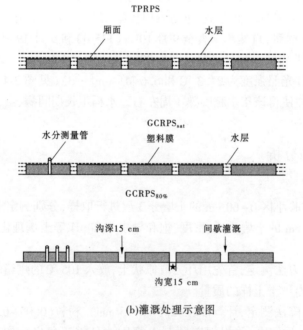

(b)灌溉处理示意图

图 2-3　试验小区平面图和灌溉处理示意图

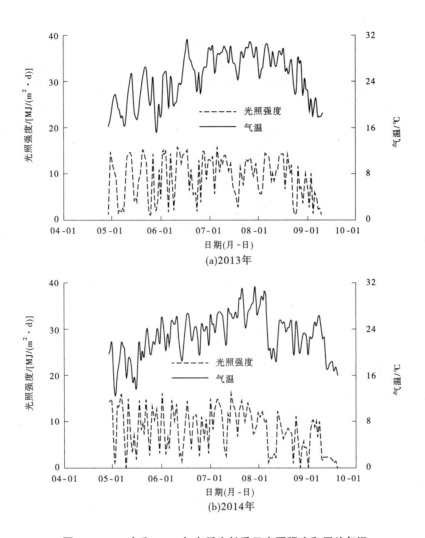

图 2-4　2013 年和 2014 年水稻生长季日光照强度和平均气温

土壤 pH：土壤和去离子水按 1∶2.5 浸提后，用 pH 计（HI 98121，Hanna Instruments，德国）测定。

土壤有机质：$K_2Cr_2O_7$ 氧化还原滴定法测定。

土壤水分特征曲线：低吸力（0 hPa、5 hPa、10 hPa、20 hPa、50 hPa、80 hPa）采用砂箱法、高吸力（100 hPa、300 hPa、500 hPa、1 000 hPa、3 000 hPa、5 000 hPa、7 000 hPa、10 000 hPa、50 000 hPa）采用压力膜仪法测定。

饱和导水率：根据定水头法进行测定。

土壤水分特征曲线及非饱和导水率采用 van Genuchten（1980）闭合曲线描述，取基质势 −300 cm 时所对应的土壤含水量为田间持水量。

2.1.3.2　动态监测指标

气象数据：安装在距离试验小区 30 m 处的自动气象监测站（Weather Hawk 500，

Campbell Scientific,美国)可记录降雨量、气温、太阳辐射等气象数据,测量间隔时间为 0.5 h。

土壤含水量:淹水小区长期处于淹水状态,未进行土壤水分监测。所有覆膜小区均安装长 1 m 的水分监测管,其中 GCRPS$_{sat}$ 处理在厢面中心安装监测管 1 根,GCRPS$_{80\%}$ 处理从厢面中心至厢面边缘等间距安装监测管 3 根,安装位置见图 2-3(b),通过便携式土壤水分速测仪(Diviner 2000,Sentek,澳大利亚)每 2 d 测量 1 次(降雨除外),测量间距距离为 10 cm,测量深度为 60 cm。

土壤温度:采用多点温度自动测量系统(CB-0221,北京思爱迪生态科学仪器有限公司,中国)测定,温度传感器的埋设深度为地表以下 5 cm、10 cm、20 cm,测定间隔时间设为 1 h。

地下水水位:在各小区的四边角分别设置一个地下水水位监测点,将长度为 100 cm、内径为 5 cm 的 PVC 管垂直打入土壤中作为水位观测管。通过钢尺水位计(K103630,北京哲成科技有限公司,中国)对水位进行测量,2013 年、2014 年的测量间隔时间分别为 15 d、7 d。

2.1.3.3　作物资料

地上部生物量、叶面积和产量:分别于分蘖中期(MDT)、最大分蘖期(MT)、拔节孕穗期(PI)、抽穗扬花期(AN)、成熟期(GM)采集地上部植物样 5 次,具体取样时间分别为 2013 年 6 月 1 日、6 月 20 日、7 月 15 日、8 月 5 日、8 月 19 日及 2014 年 6 月 2 日、6 月 19 日、7 月 16 日、8 月 6 日、8 月 28 日,2013 年和 2014 年对应移栽后的天数分别为 34 d、53 d、78 d、99 d、135 d 及 34 d、51 d、78 d、99 d、143 d。每次取样时,从各小区中任意选取 8 穴水稻,用镰刀自植株基部将地上部切除,利用长宽法测定叶面积从而获取叶面积指数(除成熟期外),计算叶面积指数(LAI)并记录分蘖数。然后将样品放入烘箱中在 105 ℃ 下杀青 30 min,75 ℃ 下烘干至恒重并称量。最后收获时,测定预留的每个小区中间未扰动厢面的水稻产量,实际测产面积 10 m^2。

瞬时生理指标:在每次取样前,选择晴朗天气条件,利用光合仪(Li-6400,Li-cor,美国)测定每个小区水稻最新展开叶的光合参数,包括光合速率(P_n)、蒸腾速率(T_r)、气孔导度(g_s)。然后迅速将叶片剪下并剪碎,利用露点水势仪(WP4,Decagon Inc.,美国)测定其叶水势(ψ_1)。

根系参数:2013 年成熟期,从各小区随机选择 3 穴水稻采集根样。2014 年,在每次采集地上部植物样的同时,从各小区随机选择 1 穴水稻采集根样。将内径 15 cm、长 50 cm 的钢管以水稻为中心砸入土壤中,最后将钢管整体挖出,表层 0~20 cm 的取样间距为 5 cm,20 cm 以下的取样间距为 10 cm。每层随机留取一小部分测定其含水量和经浸提通过流动分析仪(Auto Analyzer 3,Seal Analytical Inc.,澳大利亚)测量其无机氮浓度(mg/L),其余所有土样置于孔径为 0.05 cm 的钢筛中冲洗,挑出根系,经扫描仪(SNAPSCAN 1236,AGFA,德国)扫描后,再用根系分析软件(WinRHIZO,Regent Instruments Inc.,加拿大)分析其长度、表面积、直径及各直径区间的根长等参数。一般情况下,水稻直径小于 2 mm,将直径大于 0.3 mm 的根系称为不定根(Gowda et al.,2011),将直径小于 0.3 mm 的根系

称为分枝根,其中直径介于 0.15~0.3 mm 的分枝根仍具有再分生能力(Yamauchi et al.,
1987)。因此,以 0.15 mm、0.3 mm 为阈值将根直径分为 0~0.15 mm、0.15~0.3 mm、0.3~
2 mm 三个区间。将各土层内根系在 70 ℃ 条件下烘干至恒重,获得根干重。然后,根据根
长、根干重及土体体积等资料,进一步获得比根长、根长密度等资料(Poorter et al.,
2015)。各处理条件下水稻不同生育期内的单位根长实际吸水系数[c_{ra},cm³/(cm·d)]
计算公式如下(Feddes et al., 1978;Prasad,1988):

$$c_{ra} = \frac{T_a}{R_L} \tag{2-1}$$

式中,T_a 为不同生育期的实际平均蒸腾强度,cm³/(cm²·d),采用水量平衡法获得,详见
Jin 等(2016)的有关论述;R_L 为相应生育期单位土壤面积上根系的平均长度,cm/cm²。

为对比不同处理水稻根系的吸水性能,将单位根长实际吸水系数除以无量纲的水分
胁迫函数,以此剔除水分胁迫的影响(Feddes et al., 1978;Shi et al.,2009):

$$c_{rp} = \frac{c_{ra}}{\alpha(h)} \tag{2-2}$$

式中,c_{rp} 为单位根长潜在吸水系数,cm³/(cm·d);h 为土壤基质势,cm,根据实测含水量
和土壤水分特征曲线获得;$\alpha(h)$ 为水分胁迫修正函数,该函数可通过线性公式(Feddes et
al.,1976;Feddes et al., 1978)或非线性公式(van Genuchten,1987)计算。为简化计算,采
用分段线性函数(Feddes et al.,1978):

$$\alpha(h) = \begin{cases} 1 & h_L < h \leqslant 0 \\ \dfrac{h - h_w}{h_L - h_w} & h_w < h \leqslant h_L \\ 0 & h \leqslant h_w \end{cases} \tag{2-3}$$

式中,h_w 和 h_L 为影响水稻根系吸水的土壤水基质势阈值,cm,其值分别为-300 cm 水柱
和-15 000 cm 水柱(Singh et al.,2003;Singh et al., 2006;Phogat et al.,2010;Tan et al.,
2015)。

植株氮素含量:根系和地上部植株的氮素含量通过元素分析仪(EA1108,Fisons
Instruments,意大利)测量。比叶氮(SLN,mg N/cm²)通过地上部氮素含量除以叶面积获
得(Shi et al., 2014),比根氮(SRN,mg N/m)通过根系氮素含量除以根长计算。两次取
样间整株(根系和地上部)氮素的增加量认为是该段时间水稻的氮素吸收量(kg/hm²)。
根据相应时期的植株吸氮量、蒸腾量和土壤无机氮浓度等数据,无量纲的根系吸氮因子
(δ)可通过式(1-1)进行计算。

水分利用效率:生物量水平的蒸腾水分利用效率(WUE$_{T\_B}$,kg/m³)由两次取样间总干
重的积累量(kg/m²)与相应时段内蒸腾耗水量(cm)得到;产量水平的总耗水利用效率
(WUE$_{I+P}$,kg/m³)、灌溉水利用效率(WUE$_I$,kg/m³)和蒸腾水利用效率(WUE$_T$,kg/m³)分
别根据籽粒产量(t/hm²)和总用水量(灌溉量和降雨量)、灌溉量和蒸腾量(cm)计算。

2.2　温室土柱试验(试验 2)

2.2.1　试验设计

温室土柱试验在中国农业大学资源与环境学院科学园温室内进行。为方便以后分层采集土样和根样,将 48 根内径 15 cm、高 50 cm 的聚氯乙烯(PVC)管轴向对半劈开,然后用 PVC 胶粘好,再用 PVC 板将底部密封,做成 PVC 圆柱。每个柱子填装 45 cm 高的壤土,为了保证填土均匀,壤土在填装之前统一风干,其风干含水量约为 0.04 g/g,按密度 1.35 g/cm^3 以 5 cm 为一层进行分层填装。

土壤理化性质的测定方法同田间试验。土壤质地的测定结果为:沙粒含量为 32.89%,粉粒含量为 43.53%,黏粒含量为 23.58%,相对田间试验中的粉质壤土偏沙一些。土壤水分特征曲线及非饱和导水率各参数如下:饱和导水率 K_s = 4.18 cm/d,饱和含水量 θ_s = 0.505 cm^3/cm^3,田间持水量 θ_f = 0.243 cm^3/cm^3,残余含水量 θ_r = 0.051 cm^3/cm^3;拟合参数 α = 0.085 cm^{-1},n = 1.303。综合来看,相对于田间土壤,温室土柱试验所用土壤的持水性相对差一些,为规避这个问题,在两试验中统一用基质势来定量土壤中水分的水平。在播种前 2 d 统一进行灌溉至饱和,同时将 0.66 g 过磷酸钙、0.13 g 硫酸钾和 0.58 g 尿素在水中溶解后均匀喷洒在土壤表面,保证单位面积上的施肥量与田间试验一致。

在 2013 年 5 月 4 日挑选大小、饱满度较为一致的水稻种子(宜香 3728),经 30% 的 H_2O_2 消毒 30 min 后,用去离子水冲洗干净放入 1 000 mL 的烧杯中,在饱和 $CaSO_4$ 溶液中吸胀 8 h 至露白,然后将种子转移至用去离子水浸透的纱布上,并将其放在温度为 25 ℃ 的黑暗培养箱中进行催芽。于 5 月 7 日播种到土柱中,每个土柱种植 3 棵水稻,然后对其中的 36 根土柱进行覆膜。待水稻成活后,每个土柱保留一株长势均匀的植株。

试验共设 4 个处理,分别为淹水处理(TPRPS):水稻试验期间保持 1~3 cm 水层;覆膜湿润(GCRPS$_{sat}$):全生育期保持根系层土壤含水量为饱和土壤含水量;覆膜田持(GCRPS$_{fwc}$):分蘖初期(播种后 22 d)保持根系层土壤含水量为饱和土壤含水量,之后保持根系层土壤含水量为田间持水量的 100%~120%;覆膜田持 80%(GCRPS$_{80\%}$):分蘖初期保持根系层土壤含水量为饱和土壤含水量,之后保持根系层土壤含水量为田间持水量的 80%~100%。

2.2.2　观测项目

每个处理中设置 1 个土柱,在土壤表面 5 cm、10 cm 和 20 cm 处从土柱侧面插入温度传感器监测土壤温度,所用仪器和时间间隔与田间相同。每个处理固定 3 个土柱,每天 18:00 定时称重,根据测定的土壤含水量和估测的植株鲜重(根据实测鲜重线性外推)来确定当天灌溉量,同时也可求出每个土柱每天的耗水量。而对覆膜土柱来说,因为覆膜抑制了土柱的蒸发,日耗水量除以土柱内截面面积可近似为水稻的蒸腾量。对于淹水土柱来说,日耗水量为水稻的日蒸散量,进而在淹水处理的土柱之间与土柱齐高处放置蒸发皿(高 15 cm,直径 15 cm,与土柱直径相同)获得淹水处理的蒸发损失量,两者之差除以土柱内截面面积从而得到淹水处理水稻的蒸腾量。

分别于分蘖初期(ET)、分蘖中期(MDT)、最大分蘖期(MT)和拔节孕穗期(PI)进行 4 次取样,具体取样时间分别为 2013 年 6 月 15 日、7 月 5 日、7 月 25 日和 8 月 14 日,对应移栽后的天数分别为 39 d、59 d、79 d 和 99 d。每次取样前选择晴朗天气测定水稻最新展开叶的光合参数、叶水势,测定方法与田间试验一致。每次取样从各处理土柱中随机选取 3 个土柱,先将土柱中水稻的地上部剪下,按田间试验的方法测定其分蘖数、叶面积及地上部干重。将土柱对半劈开,每隔 5 cm 取一部分土样,测其含水量和无机氮含量,剩余的土和根样经冲洗挑拣后,将根系带回试验室测定根长,然后烘干测定根干重及根氮含量,测定方法与田间试验一致。

2.3　水培试验(试验 3)

2.3.1　试验设计

水培试验在中国农业大学资源与环境学院进行。水稻种子(宜香 3728)的消毒和催芽操作与土柱试验相同,之后将种子种植于浇灌半浓度营养液(Yoshida et al.,1976)的石英砂中直至 2012 年 12 月 16 日(25 d)。随后转移至高 21 cm、底部直径 15 cm、桶口直径 19 cm 的塑料桶中(共 45 个)。桶口平放一块塑料板,板上均匀布置 3 个内径为 2 cm 的孔,通过海绵固定 3 株水稻,使得水稻主干一直处于直立状态,水稻根系都浸没在营养液中。水培试验共设 15 个处理,包括 3 个氮素形态(硝态氮、铵态氮和硝铵 1:1 混合态)、5 个氮素浓度(10 mg/L、20 mg/L、40 mg/L、80 mg/L 和 120 mg/L)。其他大量元素(磷、钾、镁和钙)与微量元素(铁、锰、锌、铜、硼、钼和硅)含量保持与 Yoshida 等(1976)营养液相同。每天调节 pH 至 5.50±0.05,每 2 d 更换一次营养液。在以铵态氮为氮素来源的处理中加入双氰胺以抑制铵态氮的硝化(Gao et al.,2010)。整个试验期间(2012 年 12 月 16 日至 2013 年 1 月 30 日,共 45 d),水稻生长条件如下:每天的光照时间为 12 h(8:00~20:00),保持小麦冠层顶部的有效光照强度约 500 μmol/(m²·s);日间和夜间的温度分别控制在(25±2)℃ 和(18±2)℃;相对湿度约为(50±5)%。

2.3.2　观测项目

每天约 18:00 对所有小桶进行称量获得其日蒸散量。另在冠层下布置 3 个小桶,除没有水稻植株外,其他各方面与各处理小桶相同,同样每天对其进行称量获得日蒸发量,两者相减获得各处理条件下水稻的蒸腾量。共取样 3 次,具体时间分别为 2012 年 12 月 29 日、2013 年 1 月 14 日和 2013 年 1 月 30 日,对应生育期为分蘖初期(ET)、分蘖中期(MDT)和最大分蘖期(MT)。每次取样中,从每一处理中随机挑选 3 株水稻首先在 9:00~

11:00 期间测其最新展开叶的光合速率等(仪器与田间试验相同),叶面积、根长、根干重和地上部及根系氮素浓度的测量方法与田间试验相同。根系吸收水分和氮素的能力分别通过两次取样间的蒸腾量和氮素积累量除以该段时间的平均根长进行估算。

2.4　水分利用效率评估

2.4.1　水均衡计算

田间试验各处理水稻根系均分布在 40 cm 以内,故将水均衡计算过程中的根系层设定为 0~40 cm,其水量平衡计算公式如下(Jin et al.,2016):

$$P + I = T_a + E_a + R + D + \Delta W \tag{2-4}$$

式中,P 为日降雨量,cm/d;I 为日灌溉量,cm/d;T_a 为蒸腾强度,cm/d;E_a 为水面(土面)蒸发强度,cm/d,淹水处理淹水阶段为水面蒸发、晒田阶段为土面蒸发,覆膜处理则主要针对灌水沟而言,沟中有水时为水面蒸发,沟中无水时为土面蒸发;R 为径流强度,cm/d;D 为日深层渗漏量,cm/d,向下为正;ΔW 为日储水量的变化,cm/d,包括厢面、沟水位的变化及根区土壤水量的变化。

通过上述水均衡方程即可方便地估算各处理不同生育阶段的蒸腾强度 T_a,进而获得蒸散强度,其中各均衡分项的具体测定和计算过程如下。

灌溉量和排水量:当土壤水分低于试验设计下限时,则通过输水管道进行灌溉。若存在降雨,对于淹水小区来说,若小区水层高度不超过 10 cm,一般不进行排水。2013 年,覆膜小区厢面上一旦有积水,就进行排水,从而导致覆膜小区部分降雨以径流的方式损失掉。考虑到覆膜稻田可以允许在短时间内有一定的水层厚度,为了提高降雨的利用率,在 2014 年,只有当膜上积水深超过 1 cm 时再进行排水。在每个小区的进水口和排水口分别安装水表(中国海泉公司),用于记录小区的灌溉量和排水量。

储水量的变化:根据计算时间段结束时储水量减去开始时的储水量,土壤含水量剖面取样实测获得,厢面及灌溉沟水位通过观测插入小区内不同位置(四个角和中心)的 5 把尺子的读数确定。

渗漏量:由于田间空间变异性很大,尤其是土壤中的大孔隙及稻田广泛存在的犁底层对渗漏有一定的影响,因此淹水处理(除晒田阶段)的深层渗漏速率采用如下方法估算:插秧之后 20 d 内,在小区的四个角及中心位置分别插入直尺(最小刻度为 1 mm),每日 18:00 进行灌溉,淹水深度控制在 5 cm,忽略夜间的水面蒸发量(夜间蒸发量相对于白天较为微弱,可忽略不计)和作物蒸腾(夜间植物蒸腾十分微弱),次日 6:00 再次观测水位,通过夜间水位的变化均值来估算稻田的深层渗漏速率。覆膜小区保持灌溉沟内始终有水,田面没有淹水(土壤达到饱和状态),观测夜间(18:00~次日 6:00)灌溉沟内水位的下降值,然后通过灌溉水沟的面积换算为相当于在整个小区面积上的日渗漏速率。由于淹水和覆膜各处理小区水位的变化较小,因此将移栽后 20 d 的平均值作为小区的日均渗漏速率。淹水和覆膜湿润处理的晒田阶段,以及覆膜旱作处理在分蘖中期之后,土壤含水量处于非饱和状态,深层渗漏速率根据土壤含水量采用达西定律进行计算(Chen et al.,2002;Wang et al.,2006)。由于淹水处理未进行土壤水分监测,考虑到其剖面含水量与覆膜湿润处理类似,因而其晒田阶段每天的渗漏近似为覆膜湿润处理的估算值。

蒸发量:水面蒸发采用标准蒸发皿(直径 20 cm)测定,蒸发皿放在水稻冠层之下、每个小区的灌溉沟内,每天 6:00 和 18:00 记录蒸发皿内水位高度。对于淹水小区来说,水位的下降值即为当天的蒸发损失;对于覆膜小区来说,通过灌溉沟和小区的面积换算,得到其每天的蒸发损失。在土壤非饱和条件下,如淹水和覆膜湿润的晒田阶段和覆膜旱作处理分蘖中期之后,土壤表层蒸发采用达西定律进行计算(马军花 等,2005)。表层的土壤含水量由已知深度的土壤含水量线性插值得到。淹水处理晒田阶段的土壤表层蒸发由覆膜湿润处理代替。

上述方法详细计算公式、结果及分析见 Jin 等(2016)的相关论述,后续只对各处理条件下水稻的蒸腾、蒸散量进行展示和分析,用于分析覆膜栽培水稻吸水规律与构建覆膜栽培稻田水分生产函数。

2.4.2　水分生产函数构建

覆膜旱作水稻水分生产函数采用 Jensen 模型(刘广明 等,2005;武立权 等,2006;王克全 等,2007;司昌亮 等,2013),表示如下:

$$\frac{Y_a}{Y_p} = \prod_{i=1}^{m} \left[\frac{ET_a}{ET_p}\right]_i^{\lambda_i} \tag{2-5}$$

式中,Y_a 和 Y_p 分别为实际产量和潜在产量,t/hm^2;ET_a 和 ET_p 分别为实际蒸散强度和潜在蒸散强度,cm/d;$i(i=1,2,\cdots,m)$ 为生育期划分序号,分别设定为分蘖期、拔节孕穗期、抽穗扬花期及乳熟期,其中 $m=4$ 为划分的生育期总数;λ_i 为水稻不同生育期缺水对产量的敏感系数。

除常规晒田期外,GCRPS$_{sat}$ 处理根系层土壤基本维持在饱和或近饱和状态,可将其实测产量和蒸散强度分别近似为 Y_p 和 ET_p。选用 GCRPS$_{80\%}$ 处理 2013 年的实测产量和各生育期蒸散量通过 Excel 规划求解项的非线性广义既约梯度算法(GRG:Generalized Reduced Gradient),以产量模拟值和实测值差的平方达到最小值为目标对 λ_i 进行拟合,从而建立覆膜旱作水稻的水分生产函数,并采用 2014 年的实测数据予以校验。

2.4.3　蒸发蒸腾估算模型

当水分生产函数已知,若采用水量平衡法评估覆膜处理水分利用效率,并进而确定或优化灌溉制度时,需要模拟土壤水分动态变化并据此估算蒸发、蒸腾量(亦即根系吸水),即确定式(2-4)中的 E_a 和 T_a。为此,对根系层土壤进行分层水量平衡计算:以 10 cm 为间距将根系层土壤分为 4 层($j=1,2,3,4$),表层(0~10 cm,$j=1$)土壤因涉及降雨、灌溉、蒸腾、蒸发、排水、下渗等诸多过程,其土壤储水量的平衡计算可表示为:

$$\Delta W_1 = P + I - T_a - E_a - R - q_{low}(t) \tag{2-6}$$

其余各层($j = 2, 3, 4$)土壤仅涉及蒸腾和上、下边界的水量交换,水均衡计算相对较为简单:

$$\Delta W_j = q_{up}(t) - q_{low}(t) - T_a \tag{2-7}$$

以上两式中,t 为时间,d;$q_{up}(t)$ 和 $q_{low}(t)$ 分别为通过某均衡土层上、下边界的水流通量,cm/d,向下为正。饱和条件下则参照上述日深层渗漏量 D 的测定结果取值,非饱和条件下,$q_{up}(t)$ 和 $q_{low}(t)$ 均采用达西定律计算。

显然,上层土壤的 $q_{low}(t)$ 即为下层土壤的 $q_{up}(t)$。达西定律公式如下:

$$q(t) = - K(h) \left[\frac{dh}{dz} - 1 \right] \tag{2-8}$$

式中,$K(h)$ 为土壤导水率,cm/d;z 为深度,cm,取地表为原点,向下为正。

假定根系吸水与根长密度线性相关,则蒸腾强度 T_a 可表示为(Liang et al., 2017):

$$T_a = \int_0^{L_r} \alpha(h) S_{max}(z) dz \tag{2-9}$$

$$S_{max}(z) = \frac{T_p L_{nrd}(z)}{L_r} \tag{2-10}$$

$$L_{nrd}(z) = a \left[1 - \frac{z}{L_r} \right]^{a-1} \tag{2-11}$$

式中,水分胁迫修正因子 $\alpha(h)$ 的计算见式(2-3);$S_{max}(z)$ 为最大根系吸水速率,即最优水分条件下的根系吸水速率,$cm^3/(cm^3 \cdot d)$;L_r 为最大扎根深度,cm;$L_{nrd}(z)$ 为相对根长密度分布;a 为拟合参数,表示地表处的相对根长密度值,本书取为 3.26(Li et al., 2017);T_p 为潜在蒸腾强度,cm/d,估算如下(Tan et al., 2015):

$$T_p = ET_c - E_p = ET_0 \times K_c - E_p \tag{2-12}$$

$$ET_0 = \frac{0.408\Delta(R_n - G) + \gamma \dfrac{900}{T + 273} U_2(e_s - e_a)}{10 \left[\Delta + \gamma \left(1 + 0.34 U_2 \right) \right]} \tag{2-13}$$

$$E_p = \frac{\Delta}{10(\Delta + \gamma)\lambda} R_n \exp(- 0.39 LAI) \tag{2-14}$$

式中,ET_0 为参考作物蒸散强度,cm/d;ET_c 为水稻潜在蒸散强度,cm/d;E_p 为潜在土面蒸发强度,cm/d;Δ 为饱和水汽压斜率,kPa/℃;R_n 为作物的表面净辐射,$MJ/(m^2 \cdot d)$;G 为土壤的热通量,$MJ/(m^2 \cdot d)$;γ 为干湿球常数,kPa/℃;T 为 2 m 高度处的平均气温,℃;e_a 为实际水汽压,kPa;e_s 为饱和水汽压,kPa;U_2 表示 2 m 高度处的平均风速,m/s;λ 为汽化潜热,MJ/kg,其值为 2.45 MJ/kg;LAI 为叶面积指数,cm^2/cm^2;K_c 为作物系数,在水稻生育初期、中期和末期分别取为 1、1.45、1(Liang et al., 2017)。

式(2-13)和式(2-14)中各变量的确定方法及物理意义可参见 Allen 等(1998)的相关论述。

覆膜处理的 E_a 主要发生在灌水沟处,沟中有水时按实测的水面蒸发强度折算即可,沟中无水时可表示为(Ning et al.,2015):

$$E_a = \alpha(h_0)E_p \frac{A_s}{A_p} \tag{2-15}$$

式中,A_p 为小区的净面积,84.39 m^2;A_s 为未覆膜土面面积(灌水沟面积,11.07 m^2);h_0 为 0~10 cm 土层平均土壤水基质势,cm。

2.4.4 土壤水分分布估算

除晒田期外,TPRPS 和 GCRPS$_{sat}$ 处理根系层土壤处于饱和或近饱和状态,而 GCRPS$_{80\%}$ 处理不同水平位置、相同深度处的实测含水量差别不大(石建初 等,2016),故土壤水分分布按垂直一维概化、估算,不再考虑距灌水沟远近所形成的含水量差异。

覆膜饱和条件下,式(2-6)可用于模拟水层厚度的变化;非饱和条件下,土壤水分的动态变化过程可根据式(2-6)和式(2-7)来预测如下:

$$\Delta W_j = \frac{d[\theta_j(t+\Delta t) - \theta_j(t)]}{\Delta t} \quad (j = 1,2,3,4) \tag{2-16}$$

式中,d 为各土层厚度,10 cm;$\theta_j(t)$、$\theta_j(t+\Delta t)$ 分别为第 j 土层 t 时刻和 $t+\Delta t$ 时刻的平均含水量,cm^3/cm^3;Δt 为时间步长,d。

2.4.4.1 初始条件

估算自移栽当日 8:00 开始,覆膜处理各土层土壤含水量基本饱和或近饱和,灌水沟均充满水(灌水沟内水深 15 cm),根据沟深、沟面积和小区净面积换算,将灌水沟内的水平铺至全部小区时的初始水层厚度约为 2 cm。

2.4.4.2 计算步骤及水均衡原则

以 $\Delta t = 1$ d 为步长,当已知 t 时刻各层土壤含水量分布 $\theta_j(t)$ 时,通过式(2-6)或式(2-7)计算出土壤储水量的日变化量 ΔW_j 后,采用式(2-16)即可方便地估算出 $t+\Delta t$ 时刻的 $\theta_j(t+\Delta t)$,其中 ΔW_j 所涉及水均衡项的具体估算过程或分配原则如下:

(1)E_a 和 T_a。根据 t 时刻 0~10 cm 土层土壤含水量 $\theta_1(t)$,采用式(2-3)、式(2-14)和式(2-15)计算 E_a;根据 t 时刻各层土壤含水量 $\theta_j(t)$ 和式(2-9)~式(2-14)计算 T_a。

(2)I、P 和 R。当 Δt 时段内存在降雨或灌溉时(P 或 I 已知),根据 t 时刻各土层土壤含水量 $\theta_j(t)$ 将 P 或 I 在各土层进行分配,具体分配原则如下:若根区一个或多个土层土壤含水量低于田间持水量,则从表层依次向下在上层土壤达到田间持水量后再向下层分配;若根区各土层均已达田间持水量但仍有多余的水量且有土层未达到饱和,考虑到 0~20 cm 土层的饱和导水率较高和犁底层的存在(见表2-1),将多余的水量优先分配至 10~20 cm 土层,饱和后再按该原则依次分配至 0~10 cm、20~30 cm、30~40 cm 土层;若根区各土层均已饱和,则将剩余水量全部分配至灌水沟储存,至沟满后即产生径流 R。

(3)$q_{low}(t)$ 和 $q_{up}(t)$。按式(2-7)说明从表层依次往下计算。

(4)至此,式(2-6)或式(2-7)中的各均衡项已全部获取,采用式(2-16)即可逐日推算不同土层的含水量分布。

2.4.4.3 模拟结果检验

依据以上水量平衡模型,对 $GCRPS_{80\%}$ 处理 2013 年和 2014 年水稻生长季内各土层的含水量变化规律进行了模拟,模拟值与实测值间的误差分别采用均方根差(RMSE)和相对均方根差(nRMSE)来衡量,其计算公式分别如下(Tan et al., 2015):

$$RMSE = \sqrt{\frac{\sum\limits_{k=1}^{N} \left(S_k - M_k \right)^2}{N}} \tag{2-17}$$

$$nRMSE = \frac{RMSE}{\overline{M}} \times 100 \tag{2-18}$$

式中,S_k 为第 k 个样本(共 N 个)的模拟值;M_k 为对应的实测值;$\overline{M}$ 为实测平均值。

RMSE 反映了模拟值与实测值两个序列间的平均绝对误差,值越小,模拟效果越好。nRMSE 主要用于反映 RMSE 与实测均值间的相对误差,nRMSE≤15% 表明模拟效果好,15%<nRMSE≤30% 表明模拟效果中等,nRMSE>30% 则模拟效果较差(Yang et al., 2014;Li et al.,2015)。

2.4.5 灌溉制度优化

当灌溉制度和气象条件已知时,采用上述水量平衡模型可方便地模拟覆膜旱作稻田根系层土壤含水量分布的变化过程,进而可计算获取覆膜旱作水稻各生育阶段的蒸发、蒸腾量,在此基础上,应用已构建的水分生产函数即可预测估算该灌溉制度条件下的水稻产量,评估其相应的水分利用效率,从而对所选灌溉制度进行比较、评价或优化。

为进一步优化水稻覆膜旱作栽培体系的灌溉制度,在原有覆膜湿润($GCRPS_{sat}$)和覆膜旱作 80% 田间持水量($GCRPS_{80\%}$)处理的基础上,增设了覆膜旱作 100% 田间持水量($GCRPS_{100\%}$)、90% 田间持水量($GCRPS_{90\%}$)和 70% 田间持水量($GCRPS_{70\%}$)等不同灌溉情景(考虑到水稻对水分具有较高的要求,情景模拟的低限仅设计进行至 70% 田间持水量为止,更低的情形可能需要重新拟定水分生产函数,做进一步深入研究)。以 2013 年气象条件为例,应用上述土壤水分分布模拟模型、作物蒸散估算模型及覆膜水稻水分生产函数,对不同灌溉制度下覆膜旱作水稻的耗水特征、产量及水分利用效率进行分析比较,由于 $GCRPS_{sat}$ 和 $GCRPS_{80\%}$ 处理实测的叶面积非常接近,所以不同灌溉情景下的叶面积数据均采用相同值。

2.5 数据统计分析

用 Excel 2013 和 Sigmaplot 12.5 进行数据处理和作图,用 SPSS 20.0(International

Business Machines Corporation，美国)中的 GLM(General Linear Model)过程进行方差分析，包括处理、种植年份及两因素之间的交互作用。用 LSD(Least-Significant Difference)法进行数据间的差异显著性检验。

在田间试验中，2013 年只在成熟期采集了根样，而 2014 年则覆盖了更多生育期。在相应时期各处理间根干重、根长、根径、单位根长、实际/潜在吸水系数等指标年份之间没有显著差异，且年份与处理之间无交互作用(见表 2-2)，因此仅展示了 2014 年各生育期内的相关数据，并以此为基础进行分析。其他植株生长和生理指标等数据同样在年份之间没有显著差异，且年份与处理之间无交互作用(见表 2-2)(Jin et al.，2016)。因此，取其两年平均值进行展示和分析。

表 2-2　年份和处理对水稻根系特征参数的方差分析结果及 F 检验值

因素	自由度	TRL	RDW	RD	c_{ra}	c_{rp}	SRN	B	Y
处理(T)	2	23.43***	11.12***	23.58***	32.24***	60.59***	9.41**	8.04**	9.84**
年份(Y)	1	0.69 ns	1.65 ns	0.17ns	2.53 ns	3.49 ns	0.84 ns	0.05 ns	0.14 ns
处理×年份 T×Y	2	0.19 ns	0.39 ns	0.44 ns	0.25 ns	0.41 ns	1.06 ns	0.59 ns	0.01 ns

注:TRL 为根长;RDW 为根干重;RD 为根直径;c_{ra} 和 c_{rp} 分别为单位根长实际吸水系数和潜在吸水系数;SRN 为比叶氮;B 为生物量;Y 为产量;** 表示在 0.01 水平差异显著，*** 表示在 0.001 水平差异显著，ns 表示差异不显著。

第 3 章 覆膜栽培稻田土壤条件及其节水增产特征

在综合性田间试验和温室土柱试验的基础上,本章以传统淹水栽培为对照,详细描述了覆膜栽培稻田土壤温度、水分及无机氮含量的变化,详细介绍和分析了覆膜栽培水稻的节水和产量特征,包括深层渗漏、径流、蒸发及土壤水量变化等非生理耗水项的变化特征,各生育期及整个生长季尺度上生理耗水量(蒸腾量)的变化特征和其产量构成因子的变化,旨在充分了解相对传统淹水栽培,覆膜栽培稻田土壤环境条件的变化及其节水增产特征。

3.1 土壤条件

3.1.1 水分

在田间试验条件下,除常规晒田期(2013 年,66~74 d 和 113~135 d;2014 年,78~85 d 和 121~143 d)外,TPRPS 处理根区土壤一直都处于饱和状态。在 GCRPS$_{sat}$ 处理条件下,除晒田期外,20~40 cm 土壤含水量非常稳定,介于 0.42~0.44 cm³/cm³[见图 3-1(a)、(b)]。因受降雨、灌溉、蒸散等水分过程的影响,表层 0~20 cm 土壤含水量波动幅度较

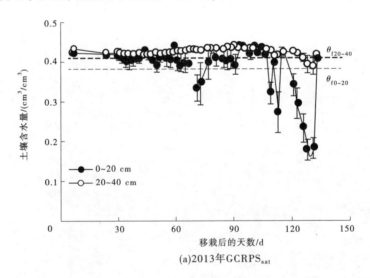

(a)2013年GCRPS$_{sat}$

注:误差线表示标准误差,GCRPS$_{sat}$ 处理重复数 $n=3$,GCRPS$_{80\%}$ 处理重复数 $n=9$。常规和加粗的虚线
　　分别表示 0~20 cm、20~40 cm 土层的田间持水量($\theta_{f0\sim20}$ 和 $\theta_{f20\sim40}$)。

图 3-1 田间试验不同处理各土层深度实测含水量的动态变化过程

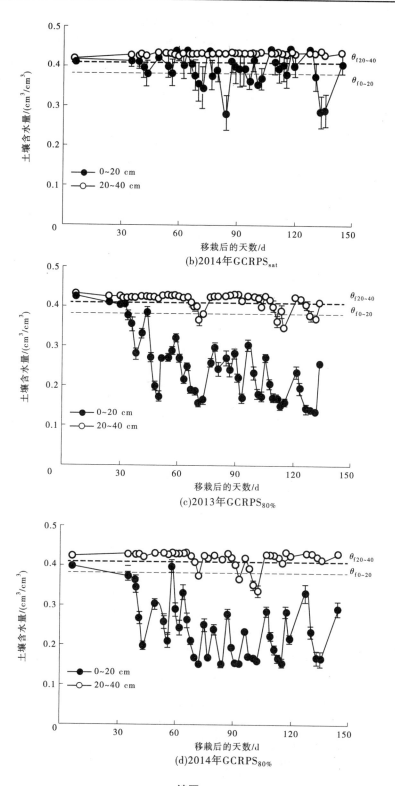

(b)2014年GCRPS$_{sat}$

(c)2013年GCRPS$_{80\%}$

(d)2014年GCRPS$_{80\%}$

续图 3-1

大,介于 0.32~0.45 cm³/cm³。在除晒田期的两年水稻全生育期内,0~40 cm 的平均土壤含水量为 0.41 cm³/cm³,相当于两层土壤平均饱和含水量(0.45 cm³/cm³)的 91%,基本达到控水要求。与 GCRPS$_{sat}$ 处理相似,GCRPS$_{80\%}$ 处理条件下表层 0~20 cm 土壤含水量变幅较大,介于 0.15~0.42 cm³/cm³,20~40 cm 以下土壤含水量变化较小,介于 0.34~0.43 cm³/cm³[见图 3-1(c)、(d)]。0~40 cm 的平均土壤含水量为 0.33 cm³/cm³,相当于两层土壤平均田间持水量(0.40 cm³/cm³)的 83%。

在温室土柱试验中,整个试验期间 GCRPS$_{sat}$ 处理条件下根区平均含水量为 0.45 cm³/cm³,且波动范围非常小,相当于饱和含水量(0.51 cm³/cm³)的 88%(见图 3-2)。GCRPS$_{fwc}$ 和 GCRPS$_{80\%}$ 处理条件下土壤含水量从饱和土壤含水量逐渐减低,直到移栽 58 d 后,土壤含水量分别保持在 0.26 cm³/cm³ 左右(约为田间持水量的 108%)和 0.22 cm³/cm³(约为田间持水量的 89%)。

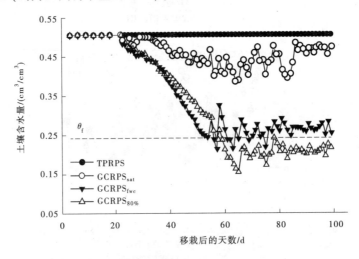

注:虚线表示根区土壤的田间持水量(θ_f)。

图 3-2　温室土柱试验不同处理根区平均含水量的动态变化过程

3.1.2　温度

田间试验中,2014 年,在移栽 85 d 后,10 cm 和 20 cm 处的温度探针线路损耗、老化导致数据缺失,2013 年和 2014 年各处理不同深度处日平均土壤温度的动态变化过程见图 3-3。在全生育期内,表层 5 cm 处 GCRPS$_{sat}$ 与 GCRPS$_{80\%}$ 处理条件下的土壤温度没有显著差异($p>0.05$)。在分蘖中期前(移栽后 34 d)GCRPS 处理 5 cm 处的土壤温度相对于 TPRPS 处理显著增高了 20%($p<0.001$),增温效应随着土壤深度的增加而逐渐减弱,在 10 cm、20 cm 分别增高了 13%、8%。之后各处理间的土壤温度没有显著差异($p>0.05$)。在整个试验期间,各处理不同深度处的日平均土壤温度非常接近,所以取其平均值进行展示(见图 3-4)。GCRPS 处理间的日平均土壤温度差异不显著,相对于 TPRPS 处理,在分蘖初期前(移栽后 39 d)升高幅度仅超过 5%,并随着植株生长而逐渐减弱。

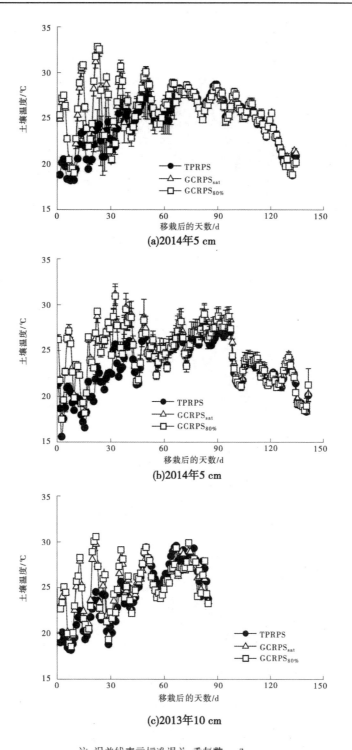

(a)2014年5 cm

(b)2014年5 cm

(c)2013年10 cm

注:误差线表示标准误差,重复数 $n=3$。

图 3-3　2013 年和 2014 年各处理不同深度处日平均土壤温度的动态变化过程

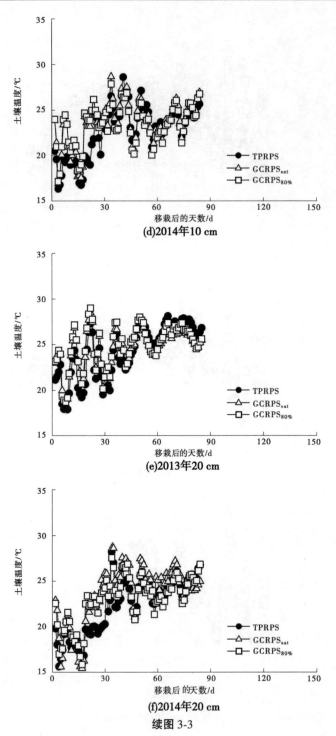

(d)2014年10 cm

(e)2013年20 cm

(f)2014年20 cm

续图3-3

3.1.3 无机氮含量

生育前期(田间试验分蘖中期前和温室土柱试验分蘖初期前),GCRPS各处理条件下的覆膜增温效应并未影响其土壤无机氮的构成(硝态氮与铵态氮的比例),TPRPS、

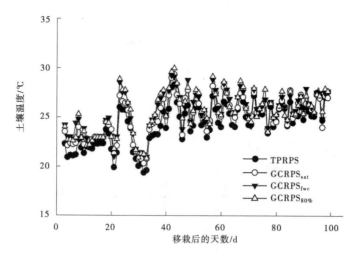

图 3-4　温室土柱试验各处理日平均根区土壤温度的动态变化过程

$GCRPS_{sat}$ 和 $GCRPS_{80\%}$ 处理土壤中铵态氮占总无机氮含量的比例分别为 80%、81% 和 80%。GCRPS 各处理条件下的土壤无机氮总量(硝态氮与铵态氮含量之和)无显著差异,但均显著高于 TPRPS 处理(见图 3-5),其原因可能为:首先,GCRPS 处理条件下非生理水损失量(表层蒸发、深层渗漏及径流)的显著减少,从而使得氮素损失量也显著减少(Tan et al. , 2015)。在田间试验分蘖中期前,TPRPS 处理条件下通过渗漏和径流的氮素损失量为 12.7 kg/hm²,在 GCRPS 处理条件下则下降为 6.5 kg/hm²。另外,GCRPS 处理条件下更高的土壤温度可能会加快尿素水解及释放、有机氮矿化等过程(Rodrigo et al. , 1997;Fan et al. ,2005),提高覆膜栽培稻田土壤氮素的供应能力。例如:在温室土柱试验中各处理条件下均不存在通过径流和深层渗漏途径而损失氮素,在生育前期 GCRPS 处理条件下土壤无机氮含量则显著高于 TPRPS 处理。

生育前期之后的各生育期,虽然在田间试验中相对 TPRPS 处理(全生育期波动范围:20%~27%,均值:22%)和 $GCRPS_{sat}$ 处理(全生育期波动范围:21%~25%,均值:22%),$GCRPS_{80\%}$ 处理土壤中硝态氮比例有所升高(全生育期波动范围:27%~39%,均值:31%),但无机氮营养仍是以铵态氮为主(Tan et al. , 2015)。田间试验 GCRPS 处理条件下土壤无机氮含量的优势逐渐减小并消失,在拔节孕穗期(PI)即开始显著小于 TPRPS 处理[见图 3-5(a)]。GCRPS 处理条件下水层消失,随深层渗漏和径流损失的氮素可能显著减少,有助于提高土壤中氮素含量(Tan et al. , 2015),但仍呈逐渐减小的趋势,可能与 GCRPS 处理条件下水稻生长显著增强导致吸氮量显著增加有关(Jin et al. , 2016)。温室土柱试验中,虽然 TPRPS 处理和 $GCRPS_{sat}$ 处理中土壤中铵态氮浓度高于 $GCRPS_{fwc}$ 处理和 $GCRPS_{80\%}$ 处理,但各处理土壤中的无机氮以硝态氮为主,占到 90% 以上。$GCRPS_{80\%}$ 处理条件下的土壤无机氮含量逐渐显著高于其他处理,其他处理间无显著差异[见图 3-5(b)]。在温室土柱试验中各处理条件下均不存在通过径流和深层渗漏途径损失氮素,可能是 $GCRPS_{80\%}$ 处理条件下水稻生长受到严重胁迫,相应吸氮量显著减少所导致(Jin et al. , 2016)。

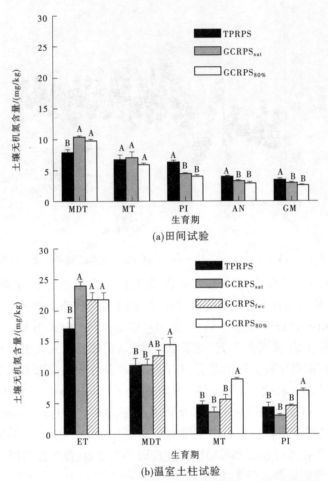

(a)田间试验

(b)温室土柱试验

注:ET 为分蘖初期;MDT 为分蘖中期;MT 为最大分蘖期;PI 为拔节孕穗期;AN 为抽穗扬花期;GM 为成熟期。

同一次取样期间不同的大写字母表示处理间差异显著($p<0.05$)。误差线表示标准误差,重复数 $n=3$。

图 3-5　田间试验和温室土柱试验各处理土壤无机氮含量的动态变化

3.2　节水特征

　　田间试验稻田的总用水量(灌溉和降雨量)主要消耗于径流量、深层渗漏量、蒸发量、土壤储水量变化和蒸腾等几方面,除蒸腾属生理耗水外,其他均属非生理耗水。TPRPS、GCRPS$_{sat}$ 和 GCRPS$_{80\%}$ 各处理稻田的总耗水量分别为 1 420.0 mm、928.7 mm 和 746.5 mm(见表 3-1)。相对于 TPRPS 处理来说,GCRPS$_{sat}$ 处理和 GCRPS$_{80\%}$ 处理的总耗水量平均降低了约 34.6% 和 47.4%。TPRPS、GCRPS$_{sat}$ 和 GCRPS$_{80\%}$ 各处理灌溉量分别占总耗水量的56.3%、33.2% 和 16.9%。由上可以看出,对于 TPRPS 处理来说,灌溉是总耗水量的主要输入项,而对于 GCRPS$_{sat}$ 处理和 GCRPS$_{80\%}$ 处理来说,降雨则成为其主要的水分供给来源。

表 3-1　田间试验(试验 1)全生育期内和温室土柱试验(试验 2)试验期内各处理的水分消耗

单位:cm

处理	田间试验(试验 1)							温室土柱试验 (试验 2)	
	降雨量	灌溉量	深层 渗漏量	径流量	土壤 储水量 变化	蒸发量	蒸腾量	蒸发量	蒸腾量
TPRPS	62.0	80.0	62.0	5.6	−5.3	13.4	66.2 ±1.0A	2.6	31.4 ±1.9A
GCRPS$_{sat}$	62.0	30.9	17.7	12.7	−1.9	2.3	62.1 ±0.9B	0	31.4 ±1.8A
GCRPS$_{fwc}$								0	28.5 ±0.9A
GCRPS$_{80\%}$	62.0	12.7	7.3	10.4	−4.3	1.5	59.8 ±1.0B	0	22.8 ±0.4B

注:表中数据为平均值±标准误差,田间试验的重复数 $n=6$,温室土柱试验的重复数 $n=3$。不同的大写字母表示处理间差异显著($p<0.05$)。

在田间试验各处理水分消耗项中,TPRPS 处理的径流量、深层渗漏量、蒸发量和土壤储水量变化(非生理耗水)分别占总耗水量(降雨量+灌溉量,下同)的 3.9%、43.7%、9.5%和−3.67%,蒸腾耗水(生理耗水)占总耗水量的 46.6%(见表 3-1)。相对应地,GCRPS$_{sat}$ 处理各水分输出项分别占总耗水量的比例依次为 13.7%、19.0%、2.5%、−2.1%、66.9%,GCRPS$_{80\%}$ 处理各水分输出项分别占总耗水量的比例依次为 13.9%、9.8%、2.0%、−5.7%、80.1%。可见,TPRPS 处理约有 53.4%的水分用于非生理耗水,其中深层渗漏量占比最大,而 GCRPS$_{sat}$ 处理的非生理耗水占 33.1%,GCRPS$_{80\%}$ 处理的非生理耗水仅占 19.9%。GCRPS$_{sat}$ 处理和 GCRPS$_{80\%}$ 处理的非生理耗水相对于 TPRPS 处理分别降低了 59.4%和 80.4%。综上,覆膜栽培以作物生理耗水为主,大幅减少非生理耗水,尤其是深层渗漏损失,从而降低了总用水量。同时,覆膜栽培的生理耗水量相对传统淹水灌溉也显著减小。

田间试验所有处理各非生理耗水项在不同生长阶段的变化特征详见 Jin 等(2016)的相关论述,不再详细叙述。关于各处理生理耗水即蒸腾量在不同生育期的变化特征见图 3-6(a),最大分蘖期(MT)前,GCRPS 处理条件下的蒸腾量高于 TPRPS 处理,之后除成熟期外,相对于 TPRPS 处理,其蒸腾量均显著减小,GCRPS$_{sat}$ 处理和 GCRPS$_{80\%}$ 处理条件下整个水稻生长季的蒸腾量分别下降了 6.1%和 9.7%(见表 3-1)。

在温室土柱试验中,由于不存在降雨、径流和深层渗漏,水量平衡相对简单,水分输入项即为灌溉量,水分消耗项仅包括非生理耗水的蒸发量与土壤储水量和生理耗水的蒸腾量,所有处理灌溉量和各非生理耗水项在不同生长阶段的变化特征同样详见 Jin 等(2016)的相关论述,各处理整个试验期间的蒸发量和蒸腾量见表 3-1。土柱试验中只有淹水处理存在蒸发,GCRPS 处理的蒸发量被完全抑制,TPRPS 处理整个生育期的蒸发量为 2.6 cm。GCRPS 处理条件下蒸腾量的变化过程与田间试验相似,在分蘖初期(ET)相对 TPRPS 处理显著升高,之后根据根区平均含水量的降低依次递减[见图 3-6(b)]。不过,由于 GCRPS$_{fwc}$ 处理和 GCRPS$_{80\%}$ 处理条件下根区平均含水量下降的程度更大,导致其蒸腾量降低的程度也更为明显,相对于 TPRPS 处理分别下降了 9.2% 和 27.5%(见表 3-1)。

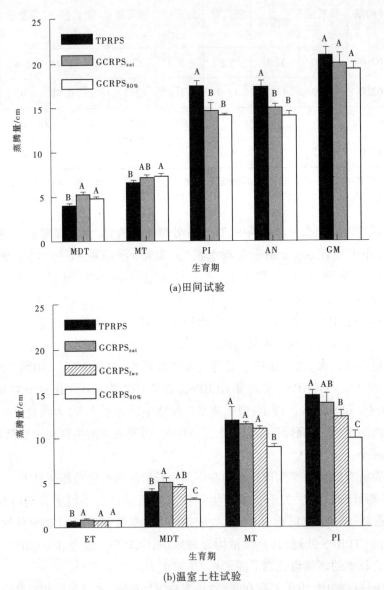

(a)田间试验

(b)温室土柱试验

注:田间试验,MDT:1~34 d,MT:34~53(51) d,PI:53(51)~78 d,AN:78~99 d,GM:99~135(143) d;
温室土柱试验,ET:21~39 d,MDT:39~59 d,MT:59~79 d,PI:79~99 d。同一次取样期间不同的大写字母表示
处理间差异显著($p<0.05$)。误差线表示标准误差,田间试验的重复数 $n=6$,温室土柱试验的重复数 $n=3$。

图 3-6　田间试验和温室土柱试验各处理水稻不同生育期的蒸腾量

3.3　产量特征

生育前期,各处理条件下的根区土壤含水量为饱和含水量或接近饱和含水量(见图 3-1、图 3-2),土壤水分不是水稻生长的主要限制因素(Zhang et al. , 2008),GCRPS 处理条件下更高的土壤温度(见图 3-3、图 3-4)和无机氮含量(见图 3-5)显著促进了水稻生长(Shimono et al. , 2002;Nagasuga et al. , 2011;Stuerz et al. , 2014),使得 GCRPS 处理条件下水稻的生物量显著高于 TPRPS 处理(见图 3-7)。

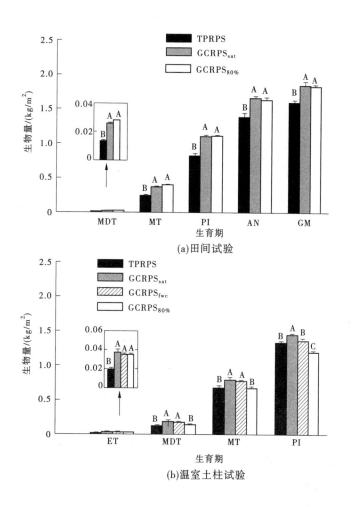

(a)田间试验

(b)温室土柱试验

注:同一次取样期间不同的大写字母表示处理间差异显著($p<0.05$)。
　　误差线表示标准误差,田间试验的重复数 $n=6$,温室土柱试验的重复数 $n=3$。

图 3-7　田间试验和温室土柱试验各处理水稻生物量(包括根系和地上部)的动态变化

之后生育期,在田间试验中,GCRPS 处理条件下的覆膜增温效应减弱甚至消失,且根区土壤含水量降低,使其生长优势随受胁迫时间的增加逐渐减小,但仍均显著高于 TPRPS 处理。GCRPS 处理水稻的总生物量在水稻分蘖中期、最大分蘖期、拔节孕穗期、扬花期和成熟期相对 TPRPS 处理依次平均提高了 113.5%、80.9%、49.0%、18.0% 和 15.7% [见图 3-7(a)]。在温室土柱试验中,GCRPS$_{sat}$ 处理条件下水稻的总生物量仍显著高于 TPRPS 处理,与田间试验结果一致[见图 3-7(b)]。由于 GCRPS$_{fwc}$ 处理和 GCRPS$_{80\%}$ 处理条件下水稻受到更为显著的不同程度的水分胁迫,水稻生长受到更为明显的抑制,尤其是 GCRPS$_{80\%}$ 处理,其生物量在拔节孕穗期显著小于 TPRPS 处理。

田间试验中,各 GCRPS 处理条件下水稻的产量无显著差异,均显著高于 TPRPS 处理(见表 3-2),主要得益于 GCRPS 处理条件下水稻的有效穗数和每平方米穗粒数显著增加,其他产量构成因子如千粒重、结实率和收获指数等无显著差异,所以在此不再进行展示,详细结果见 Tao 等(2015)的相关研究。

表 3-2　田间试验各处理水稻的产量、有效穗数和每平方米穗粒数

处理	产量/(t/hm^2)	有效穗数/(穗/m^2)	每平方米穗粒数/(10^3 粒/m^2)
TPRPS	8.17±0.10B	232.1±12.3B	27.2±1.7B
GCRPS$_{sat}$	9.25±0.17A	268.6±14.7A	32.4±2.7A
GCRPS$_{80\%}$	9.07±0.20A	279.3±25.5A	29.8±0.9A

注:表中数据为平均值±标准误差,重复数 $n=6$。不同的大写字母表示处理间差异显著($p<0.05$)。

3.4　水分利用效率

在生育前期,GCRPS 处理条件下的蒸腾量显著提高(见图 3-6),但其生物量得到更为显著的提高(见图 3-7),导致其生物量水平的蒸腾水分利用效率相对 TPRPS 处理显著提高(见图 3-8)。之后各生育期,GCRPS 处理条件下土壤含水量开始降低,出现不同程度的水分胁迫。在田间试验中,GCRPS 处理水稻不同生育期的蒸腾量逐渐显著小于 TPRPS 处理[见图 3-6(a)],虽然其生物量虽然仍高于 TPRPS 处理[见图 3-7(a)],但在各生育期干物质累积量的优势在逐渐减弱,使得其水分利用效率在最大分蘖期和拔节孕穗期仍显著高于 TPRPS 处理[见图 3-8(a)],到抽穗扬花期至成熟期,即与 TPRPS 处理无明显差异。温室土柱试验的结果与田间试验相类似,在拔节孕穗期前,除 GCRPS$_{80\%}$ 处理外,GCRPS 处理条件下的生物量相对于 TPRPS 处理优势在减弱[见图 3-7(b)],但蒸腾量下降程度相对更大[见图 3-6(b)],使其水分利用效率基本显著高于 TPRPS 处理[见图 3-8(b)]。GCRPS$_{80\%}$ 处理由于受到较为严重的水分胁迫,导致各生育期的干物质累积量相

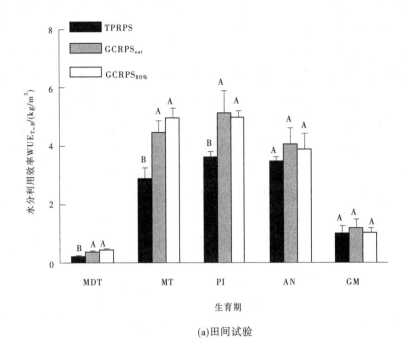

(a)田间试验

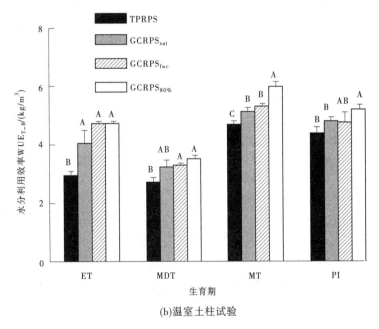

(b)温室土柱试验

注:WUE$_{T\_B}$ 为生物量水平的蒸腾水分利用效率。田间试验,MDT:1~34 d,MT:34~53(51) d,
PI:53(51)~78 d,AN:78~99 d,GM:99~135(143) d;温室土柱试验,ET:21~39 d,MDT:39~59 d,
MT:59~79 d,PI:79~99 d。同一次取样期间不同的大写字母表示处理间差异显著者($p<0.05$)。

误差线表示标准误差,田间试验的重复数 $n=6$,温室土柱试验的重复数 $n=3$。

图 3-8　田间试验和温室土柱试验各处理水稻在不同生育期的水分利用效率

对于 TPRPS 处理优势消失并显著下降,但蒸腾量下降程度更为明显,使其水分利用效率的增大程度最为明显。

在更长时间尺度上,GCRPS 处理水稻生物量和产量水平的水分利用效率均显著高于 TPRPS 处理。在田间试验中,相较于 TPRPS 处理,$GCRPS_{sat}$ 处理和 $GCRPS_{80\%}$ 处理条件下水稻的最终总生物量和产量均显著提高[见图 3-7(a)、表 3-2)],但其全生育期内的蒸腾耗水量分别减少了 6.2% 和 9.7%(见表 3-1),所以基于生物量计算的蒸腾水利用效率(WUE_{T_B})分别提高了 23.2% 和 27.4%,基于产量计算的蒸腾水利用效率(WUE_{T_Y})分别提高了 20.2% 和 22.6%(见表 3-3)。在温室土柱试验的整个试验期内,相对 TPRPS 处理,$GCRPS_{sat}$ 和 $GCRPS_{fwc}$ 处理条件下水稻的生物量分别提高了 9.0% 和 1.5%,$GCRPS_{80\%}$ 处理条件下水稻的生物量降低了 9.8%[见图 3-7(b)],蒸腾量分别降低了 0、9.2% 和 27.4%(见表 3-1),导致其相应 WUE_{T_B} 分别增加了 8.4%、9.9% 和 20.5%(见表 3-3)。

表 3-3 田间试验(试验 1)和温室土柱试验(试验 2)各处理水稻的生物量
(WUE_{T_B})和产量(WUE_{T_Y})水平的蒸腾水分利用效率 单位:kg/m³

处理	田间试验		温室土柱试验
	WUE_{T_B}	WUE_{T_Y}	WUE_{T_B}
TPRPS	2.41±0.03B	1.24±0.01B	4.28±0.32B
$GCRPS_{sat}$	2.97±0.08A	1.49±0.02A	4.64±0.23A
$GCRPS_{fwc}$			4.74±0.11A
$GCRPS_{80\%}$	3.07±0.06A	1.52±0.04A	5.25±0.03A

注:表中数据为平均值±标准误差,田间试验的重复数 $n=6$,温室土柱试验的重复数 $n=3$。不同的大写字母表示处理间差异显著($p<0.05$)。

3.5 小 结

相对于传统淹水栽培水稻,在生育前期,得益于更好的土壤温度与氮素营养条件,覆膜栽培水稻的生长得到显著促进,建立了生长优势。虽然覆膜栽培水稻的蒸腾耗水量也显著提高,但其增大幅度小于生物量的增大幅度,使得覆膜栽培水稻的蒸腾水分利用效率显著提高;之后生育期,覆膜栽培稻田出现不同程度的水分胁迫,其生长和蒸腾耗水均受到胁迫,相对于蒸腾,覆膜栽培水稻的生长受到较小程度的抑制,前期建立的生长优势得以保持,最终实现节水(除节约大量的非生理耗水外,蒸腾耗水量也显著减小)并增产。

第 4 章　覆膜栽培水稻的节水增产机制

在第 3 章详细介绍的不同生育期覆膜栽培稻田土壤环境条件变化的基础上,本章以传统淹水栽培水稻为对照,分生育期对覆膜栽培水稻根系的生长、形态、分布特征特别是其吸收功能、氮素吸收利用状况、冠层节水生理特征与光合性能等方面进行了详细及综合的分析和探讨,阐释了覆膜栽培水稻节水增产的生理过程与机制。

4.1　水稻根系对覆膜栽培的响应

4.1.1　根系生长特征

田间试验和温室土柱试验各处理条件下,水稻根系在拔节孕穗期(PI)之前迅速生长(见图 4-1),之后在 TPRPS 处理和 GCRPS$_{sat}$ 处理条件下生长缓慢,根干重稍有增长,而在 GCRPS$_{80\%}$ 处理条件下则逐渐减小。相对于 TPRPS 处理,在生育前期(田间试验分蘖中期和温室土柱试验分蘖初期),GCRPS 处理条件下的水稻根系生长更为旺盛,根干重在田间试验和温室土柱试验中分别增大了 74% 和 23%。之后各生育期,TPRPS 处理条件下水稻根系加速生长,GCRPS 各处理条件下水稻根系的生长受到不同程度的抑制,TPRPS 处理与 GCRPS$_{sat}$ 处理条件下的水稻根干重间无显著差异,但两者均显著高于 GCRPS$_{fwc}$ 处理和 GCRPS$_{80\%}$ 处理。

在田间试验水稻移栽后的一个月内(分蘖中期前),各处理条件下的根区土壤含水量都处于饱和或接近于饱和状态(见图 3-1),土壤水分条件不是水稻根系生长的主要限制因素(Zhang et al. , 2008;Jin et al. , 2016)。然而,TPRPS 处理条件下表层土壤温度显著低于 GCRPS 处理(见图 3-3),且 TPRPS 处理条件下 5 cm 深度处的平均土壤温度经常低于 25 ℃,该情况被认为不利于水稻根系的正常生长(Hasegawa et al. , 2001)。可见,GCRPS 处理条件下水稻根系在分蘖中期前的快速生长[见图 4-1(a)]与覆膜增温效应密不可分(Nagasuga et al. , 2011)。除此之外,GCRPS 处理条件下更高的土壤无机氮含量[见图 3-5(a)],也有助于该处理水稻根系更快的生长。分蘖中期后,各处理条件下表层土壤温度之间的差异逐渐缩小直至消失(见图 3-3),但土壤水分条件之间的差异却逐渐增大(见图 3-1),成为影响水稻根系生长的主要因素。在 TPRPS 处理条件下,水稻根系生长旺盛,在抽穗扬花期(99 d)根干重达到最大值[见图 4-1(a)],这与已有试验研究结果吻合(Kato et al. ,2010)。在 GCRPS$_{sat}$ 处理条件下,相对于 TPRPS 处理,根系生长在分蘖中期所保持的优势逐渐减弱甚至消失,这可能是 GCRPS$_{sat}$ 处理条件下受到 0~20 cm 土层的轻微水分胁迫所致[见图 3-1(a)、(b)]。相对于 TPRPS 处理与 GCRPS$_{sat}$ 处理,

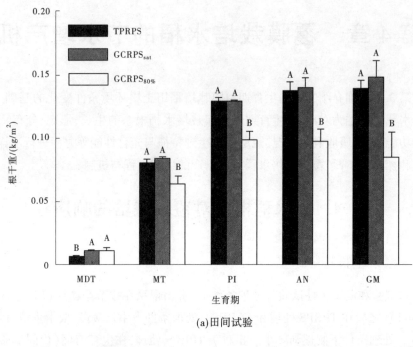

(a)田间试验

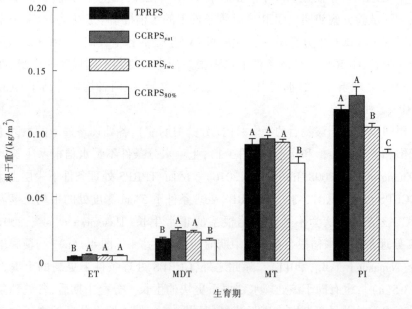

(b)温室土柱试验

注:同一次取样期间不同的大写字母表示处理间差异显著($p<0.05$)。误差线表示标准误差,重复数 $n=3$。

图 4-1 田间试验和温室土柱试验各处理水稻根干重的动态变化

GCRPS$_{80\%}$处理条件下的水稻根系在分蘖中期之后生长迅速减缓,根干重在拔节孕穗期(PI)更早地达到峰值[见图 4-1(a)],这与 Zhang 等(2008)的试验研究结果吻合,可能是

GCRPS$_{80\%}$处理条件下较严重的水分胁迫所致。田间试验从分蘖中期至成熟期,GCRPS$_{80\%}$处理条件下的根区平均土壤含水量为两层土壤平均田间持水量的 83%,而 0~20 cm 土层的土壤含水量仅为田间持水量的 61%[见图 3-1(c)、(d)]。如此低的土壤含水量必然会限制水稻根系的生长(Kato et al. , 2010;Kano-Nakatal et al. , 2011;Kato et al. , 2011;Shi et al. , 2015)。

4.1.2　根系形态特征

各处理条件下水稻根长在拔节孕穗期(PI)之前迅速增大,之后逐渐减小[见图 4-2(a)]。分蘖中期(MDT)前,除温室土柱试验中的 GCRPS$_{80\%}$处理,GCRPS 处理条件下的水稻根长约是 TPRPS 处理的 1.5 倍。之后各生育期内,GCRPS$_{sat}$处理条件下的水稻根长与 TPRPS 处理无显著差异,两者均显著大于 GCRPS$_{fwc}$处理和 GCRPS$_{80\%}$处理。相对于根长,各处理条件下水稻根直径都随着水稻的生长而逐渐增大。在分蘖中期前,除温室土柱试验中的 GCRPS$_{80\%}$处理,各处理条件下的根直径差异不显著。之后各生育期内,TPRPS 处理和 GCRPS$_{sat}$处理条件下的根直径无显著差异,但均显著小于 GCRPS$_{fwc}$处理和 GCRPS$_{80\%}$处理。

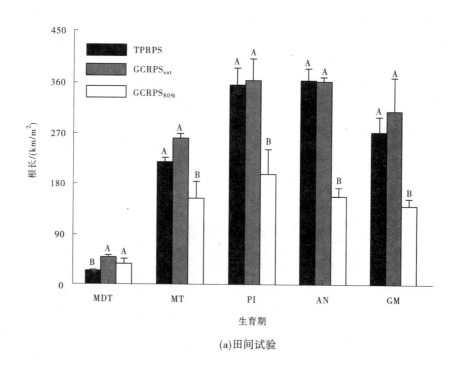

(a)田间试验

注:同一次取样期间不同的大写字母表示处理间差异显著($p<0.05$)。误差线表示标准误差,重复数 $n=3$。

图 4-2　田间试验和温室土柱试验各处理水稻根长和根直径的动态变化

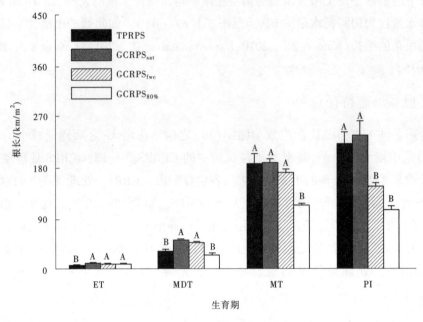

(b)温室土柱试验

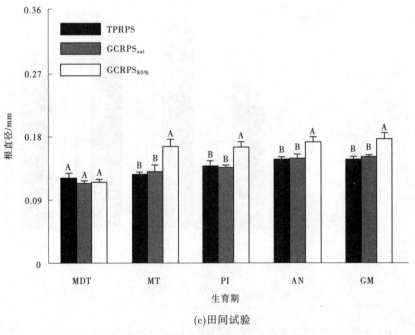

(c)田间试验

续图 4-2

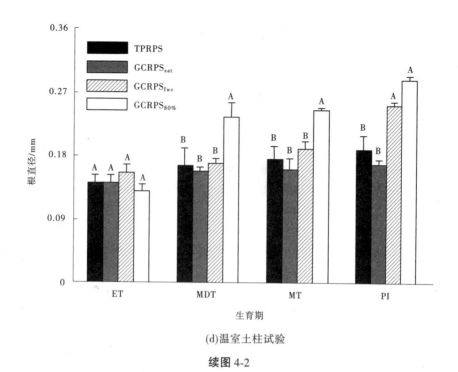

(d)温室土柱试验

续图 4-2

在分蘖中期前,除温室土柱试验的 GCRPS$_{80\%}$ 处理,GCRPS 处理条件下各径级根长均显著增加(见图 4-3)。之后各生育期内,GCRPS$_{sat}$ 处理条件下水稻各径级根长与 TPRPS 处理无显著差异,均显著高于 GCRPS$_{fwc}$ 处理和 GCRPS$_{80\%}$ 处理条件下各径级根长,尤其是 0~0.15 mm 径级根长。

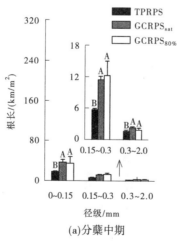

(a)分蘖中期

注:田间试验:(a)分蘖中期,MDT;(b)最大分蘖期,MT;(c)拔节孕穗期,PI;(d)抽穗扬花期,AN;(e)成熟期,GM。

温室土柱试验:(f)分蘖初期,ET;(g)分蘖中期,MDT;(h)最大分蘖期,MT;(i)拔节孕穗期,PI。

同一次取样期间不同的大写字母表示处理间差异显著($p<0.05$)。误差线表示标准误差,重复数 $n=3$。

图 4-3 田间试验和温室土柱试验各处理水稻不同直径范围根长的动态变化

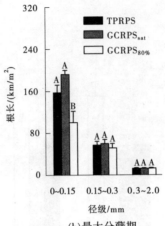

(b)最大分蘖期

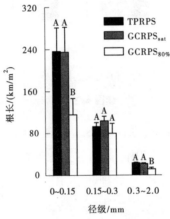

(c)拔节孕穗期

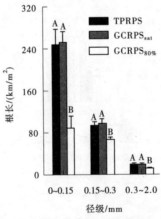

(d)抽穗扬花期

续图 4-3

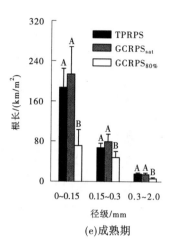

(e)成熟期

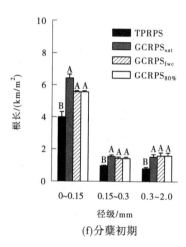

(f)分蘖初期

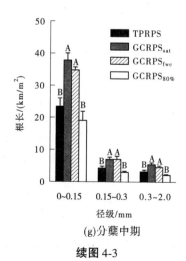

(g)分蘖中期

续图 4-3

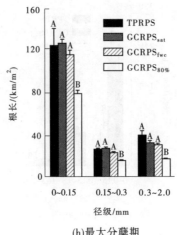

(h)最大分蘖期

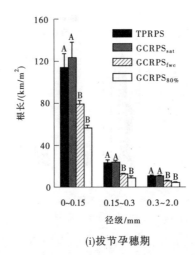

(i)拔节孕穗期

续图 4-3

在生育前期,田间试验和温室土柱试验各处理条件下水稻的比根长和根表面积均无显著差异(见图 4-4)。之后在田间试验中 TPRPS 处理和 GCRPS$_{sat}$ 处理条件下的比根长和根表面积无显著差异,均显著高于 GCRPS$_{80\%}$ 处理。温室土柱试验的 GCRPS$_{80\%}$ 处理条件下的比根长和根表面积在分蘖初期比其他处理高,但没有显著区别,在拔节孕穗期 GCRPS$_{fwc}$ 处理和 GCRPS$_{80\%}$ 处理比根长和根表面积均显著低于 TPRPS 处理和 GCRPS$_{sat}$ 处理。

水稻根系由直径较大的不定根和直径较小的分枝根构成(Gowda et al. , 2011),两者之间的比例关系是根系适应不同环境条件(如土壤温度、水分条件等)的必然结果(Kato et al. , 2011;Nagasuga et al. , 2011)。已有研究表明,低温胁迫显著抑制水稻根系分枝和伸长(Nagasuga et al. , 2011),可能与低温减缓生长素在根系中的输送有关,因该激素已被证明在拟南芥侧根生成过程中起到关键作用(Ruegger et al. , 1998;Xie et al. , 2000;Fukaki et al. , 2002)。在田间试验水稻分蘖中期,相对于 TPRPS 处理而言,GCRPS 处理条件下显著的增温效应导致该处理条件下的水稻不定根长度增大了 31%,分枝根长度增

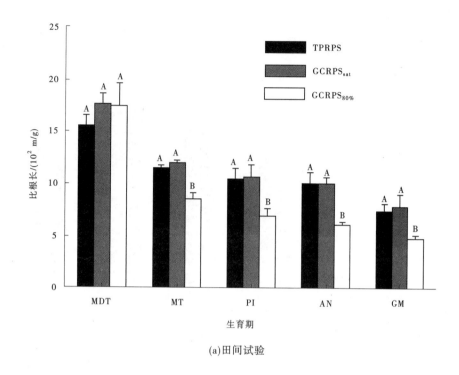

(a)田间试验

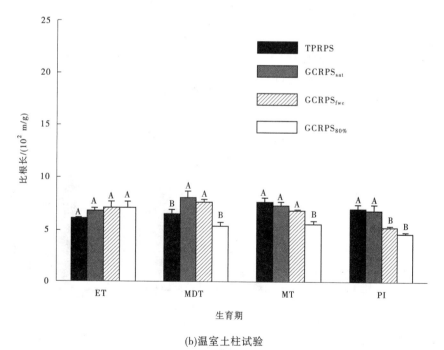

(b)温室土柱试验

注:同一次取样期间不同的大写字母表示处理间差异显著($p<0.05$)。误差线表示标准误差,重复数 $n=3$。

图 4-4　田间试验和温室土柱试验各处理水稻比根长和根表面积的动态变化

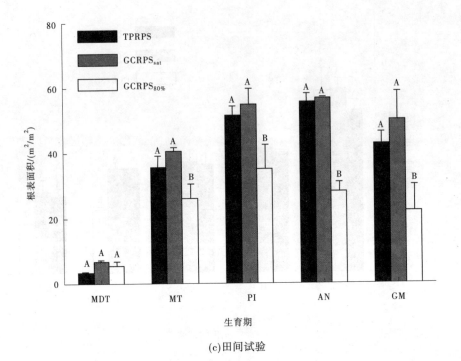

(c)田间试验

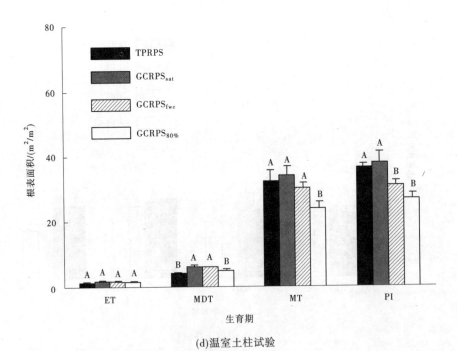

(d)温室土柱试验

续图 4-4

大了 101%[见图 4-3(a)],从而导致 GCRPS 处理条件下水稻根系更长、根径更小(见图 4-2)、比根长更大[见图 4-4(a)]。因根径减小对根表面积所带来的影响小于根长增大所带来的影响,导致其根表面积更大[见图 4-4(c)]。分蘖中期过后,随着覆膜增温效应的减弱甚至消失,影响根系形态的主要因素转变为土壤水分条件。已有研究表明,当土壤含水量降低时,土壤机械阻力会明显增大,根系延长受阻,为了能吸收更多的水分,根系不得不通过改变其解剖结构(增厚细胞壁,加速内皮层、外皮层和厚壁组织木质化等)来提高其机械抗阻能力(Taleisnik et al. , 1999),这些变化在一定程度上限制了分枝根的生成(North et al. , 2000;Peret et al. , 2009)。相对于 TPRPS 处理,分蘖中期过后 GCRPS 处理条件下,尤其在 $GCRPS_{80\%}$ 处理条件下,较低的土壤含水量导致根系延长速度明显放缓,根系显著缩短,特别是根径为 0~0.15 mm 的分枝根,导致该处理条件下水稻根径显著增大和比根长显著减小。因根径增大对根表面积所带来的影响小于根长减小所带来的影响,导致根表面积显著减小。温室土柱试验和 Kato 等(2011)的研究结果验证了田间试验 GCRPS 处理条件下水稻根系形态的变化(长度、平均直径、表面积和比根长等)。TPRPS 处理条件下水稻各生育期单位土壤面积上的根干重及根长与 Kato 等(2011)相应处理和生育期的结果相似,但显著高于某些已发表的结果,可能因其洗根的方式均通过液压淘洗设备,该设备所采用的是筛孔径大于 0.07 cm(根据土壤密度设定)(Zhang et al. , 2009;Chu et al. , 2014;Ju et al. , 2015),而本书所采用筛的孔径为 0.05 cm。另外,还可能由不同的水稻品种、土壤和气候条件及取样位置和面积所导致。

4.1.3 根系分布特征

在温室土柱试验中,由于根系的分布受到 PVC 管的显著限制,其根长密度分布不进行展开分析。田间试验水稻各生育期内,各处理条件下的根长密度均随土层深度的增加而逐渐减小,且 15~40 cm 土层内各处理条件下的根长密度没有显著差异(见图 4-5)。在分蘖中期,相对于 TPRPS 处理,GCRPS 处理条件下 0~15 cm 土层内的根长密度提高了109%。之后各生育期内,$GCRPS_{sat}$ 处理和 TPRPS 处理条件下 0~15 cm 土层内的根长密度没有显著差异,但均显著高于 $GCRPS_{80\%}$ 处理。虽然土壤温度与水分条件对根长密度分布的影响较大,但是无论是传统淹水种植还是覆膜旱作,2013 年(126 个数据)和 2014 年(270 个数据)各处理条件下水稻相对根长密度分布一致,随着深度增加而减小,可用式(2-11)进行统一描述($a=3.26,R^2=0.91,RMSE=0.30$)(见图 4-6)。该结果与小麦相对根长密度分布结果一致(Ojha et al. , 1996;Zuo et al. , 2013),有助于估算水稻根长密度分布及稻田水、氮运移的模拟。

4.1.4 根冠比

当水稻从传统淹水种植体系转换为覆膜旱作生产体系时,不同的土壤水分与温度条件对水稻根系的生长产生显著影响,干物质在地上部和根系的分配关系也发生了显著的变化。在田间试验和温室土柱试验中,各处理条件下水稻根冠比随着植株生长而逐渐减小(见图 4-7)。在田间试验分蘖中期前,虽然 GCRPS 处理条件下显著增高的土壤温度均显著促进了水稻根系和地上部的生长,然而地上部的增长更为显著,导致其根冠比显著

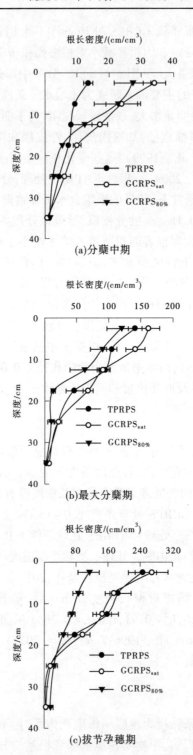

(a)分蘖中期

(b)最大分蘖期

(c)拔节孕穗期

注:(a)分蘖中期,MDT;(b)最大分蘖期,MT;(c)拔节孕穗期,PI;
(d)抽穗扬花期,AN;(e)成熟期,GM。误差线表示标准误差。

图 4-5　田间试验各处理水稻不同生育期的根长密度分布

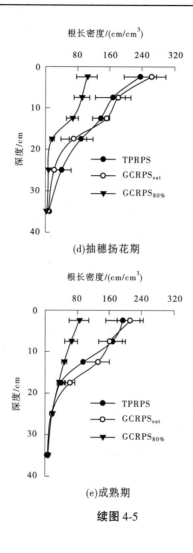

(d)抽穗扬花期

(e)成熟期

续图 4-5

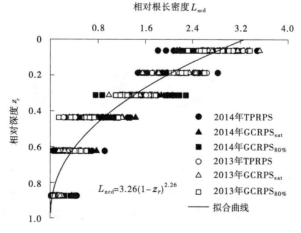

图 4-6 田间试验 2013 年与 2014 年各处理水稻的相对根长密度分布与拟合的分布函数

降低。分蘖中期后,GCRPS$_{sat}$ 处理条件下的根冠比仍低于 TPRPS 处理,不过差距在缩小甚至消失;GCRPS$_{80\%}$ 处理的根干重相对于 TPRPS 处理则显著减小,但其地上部仍显著增大,使得 GCRPS$_{80\%}$ 处理根冠比仍显著减小,不过与 TPRPS 处理的差距随着植株生长(水分胁迫时间的增加)也在逐渐减小。在温室土柱试验中也获得相似的结果。

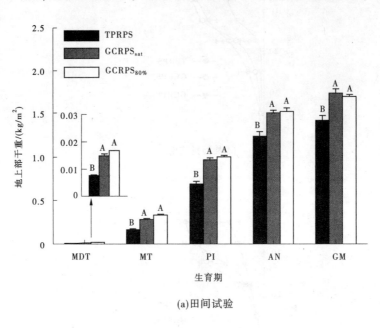

(a)田间试验

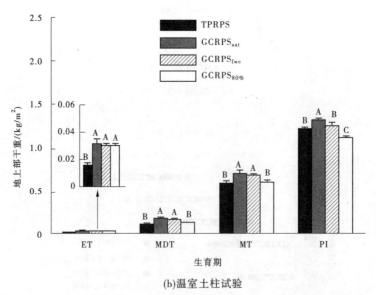

(b)温室土柱试验

注:同一次取样期间不同的大写字母表示处理间差异显著($p<0.05$)。误差线表示标准误差,重复数 $n=3$。

图 4-7　田间试验和温室土柱试验各处理水稻地上部干重和根冠比的动态变化

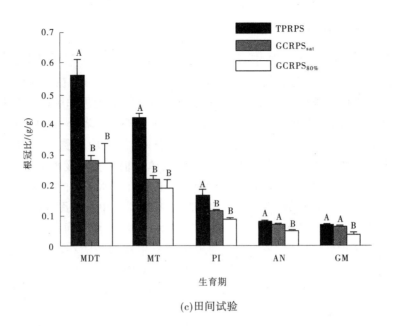

(c)田间试验

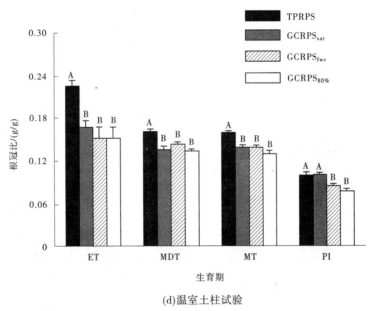

(d)温室土柱试验

续图 4-7

已有研究表明,水稻在非饱和条件下,根冠比也有显著下降的情况(Azhiri-Sigari et al.,2000;Kato et al.,2010;He et al.,2014),但这与通常的观点不一致。一般认为,旱地作物在水分胁迫条件下,相对于根系,冠层会受到更为严重的胁迫,导致根冠比升高,从而有利于作物吸收水分(Chu et al.,2014;Shi et al.,2014;Xu et al.,2015)。GCRPS$_{80\%}$处理条件下水稻相对小的根冠比可能由于其根系拥有更为高效的吸收功能,从而能够吸收足够的水分和养分来满足植株的需求,即使该处理条件下存在水分胁迫。

4.1.5　根系吸收能力

在田间试验和温室土柱试验中,各处理条件下水稻单位根长实际吸水系数(c_{ra})和单位根长潜在吸水系数(c_{rp})随着植株生长而逐渐减小(见图 4-8)。在田间试验 GCRPS 处理条件下,分蘖中期前升高的土壤温度对根系分枝和伸长的促进作用显著强于蒸腾,导致单位根长实际吸水系数和潜在吸水系数相对 TPRPS 处理显著降低。之后,相对于 TPRPS处理,由于 GCRPS$_{sat}$ 处理条件下较低的土壤含水量,其平均蒸腾量下降了 5.4%(见图 3-6),但根长却增大了 7.6%(见图 4-2),导致其单位根长实际吸水系数下降了 13.2%(见图 4-8)。去除水分胁迫的影响,该处理单位根长潜在吸水系数的差异会相对变小(见图 4-8)。在 GCRPS$_{80\%}$ 处理条件下,其平均蒸腾量下降了 8.8%(见图 3-6),然而根长却减少了 44.7%(见图 4-2),导致其单位根长实际吸水系数显著增加(见图 4-8)。相对于 TPRPS 处理和 GCRPS$_{sat}$ 处理,GCRPS$_{80\%}$ 处理条件下单位根长潜在吸水系数的增大幅度比单位根长实际吸水系数的增大幅度更为显著(见图 4-8)。关于田间试验 GCRPS 处理条件下单位根长实际吸水系数、潜在吸水系数相对于 TPRPS 处理的变化,在温室试验中得到了确认(见图 4-8)。

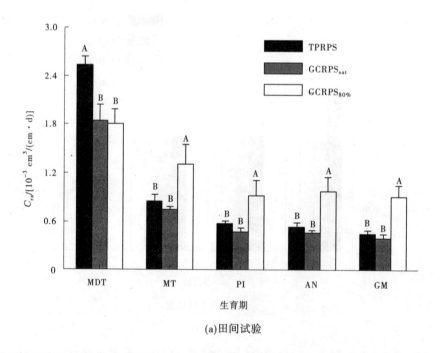

(a)田间试验

注:田间试验,MDT:1~34 d,MT:34~53(51) d,PI:53(51)~78 d,AN:78~99 d,GM:99~135(143) d;
温室土柱试验,ET:21~39 d,MDT:39~59 d,MT:59~79 d,PI:79~99 d。同一次取样期间不同的大写字母表示
处理间差异显著($p<0.05$)。误差线表示标准误差,重复数 $n=3$。

图 4-8　田间试验和温室土柱试验各处理水稻在不同生育期的单位根长实际吸水系数

(c_{ra})与单位根长潜在吸水系数(c_{rp})

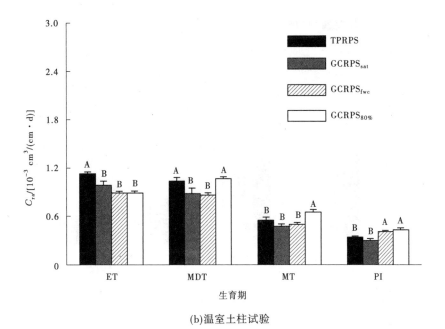

(b)温室土柱试验

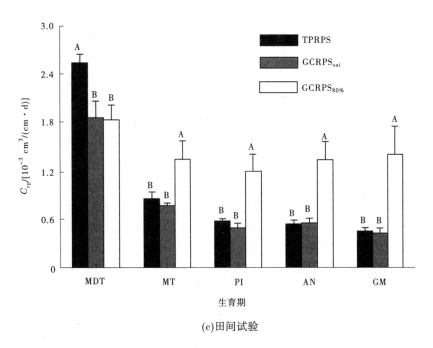

(c)田间试验

续图 4-8

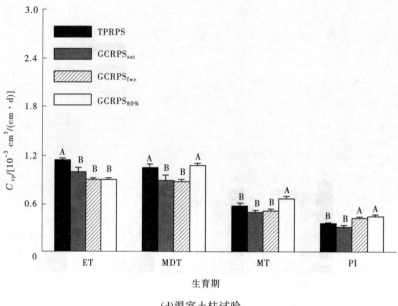

(d)温室土柱试验

续图 4-8

　　根系吸水能力受根系形态、组织、生化、分子及基因的特征影响(Henry et al.，2012)。一般认为,拥有较小直径(Gao et al.，1998;Pierret et al.，2005)或者充分灌水条件下(Meyer et al.，1990;Asseng et al.，1998;Xue et al.，2003)的根系具有更强的吸收水分、养分的能力。此外,Henry 等(2012)认为水稻在非饱和条件下,通过限制其根系水力传导系数来提高植株的保水能力可能是更为明智的选择。然而,许多研究也表明,在非饱和条件下,水稻根系的水力传导系数会升高(Matsuo et al.，2009;Ding et al.，2015;Henry et al.，2015)。特别是,Kato 等(2011)研究表明,在非饱和条件下,相对于 TPRPS 处理,即使比根长显著减小,根系吸水能力仍提高了31%,与本书结果相似。综上可看出,水稻根系形态的变化通常可以反映其吸水能力的变化,但对于本书中覆膜栽培水稻并不适用,关于覆膜栽培水稻根系吸水、吸氮能力根据环境条件改变而变化的复杂机制仍有待研究。

　　最近的研究表明,冬小麦根系吸收能力与其根氮含量呈线性正比关系(Shi et al.，2009;Shi et al.，2013),为了验证该规律是否适用于水稻,本书对田间试验和温室土柱试验中水稻根系单位根长的氮素含量(比根氮)进行了分析(见图 4-9),发现 GCRPS$_{80\%}$ 处理和 GCRPS$_{fwc}$ 处理条件下的比根氮在分蘖中期后一般均高于 GCRPS$_{sat}$ 处理和 TPRPS 处理,而且优势随着植株生长而逐渐增大,尤其是田间试验的 GCRPS$_{80\%}$ 处理,增大幅度极为显著(见图 4-9),这与覆膜栽培水稻根系吸水能力变强的结果相统一。进而对水培试验中不同氮素形态、浓度及生育期水稻单位根长的吸水量、吸氮量和单位根长的氮素含量进行分析,结果表明水稻根系单位根长的吸水和吸氮能力与比根氮($R^2 = 0.76$ 和 $R^2 = 0.69$)呈线性正比关系,均不受氮素形态、浓度及生育期的影响(见图 4-10)。综上可得,覆膜栽培水稻根系显著增强的吸收能力与其显著增加的氮素含量密切相关。

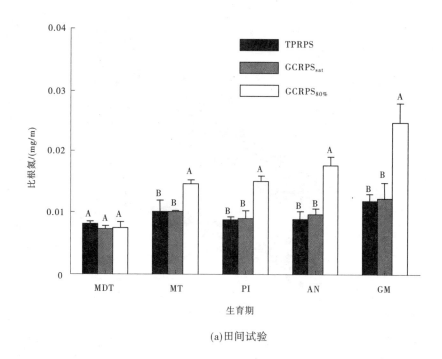

(a)田间试验

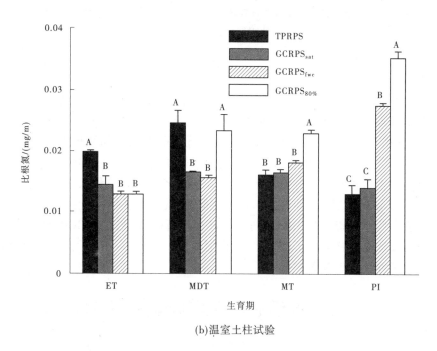

(b)温室土柱试验

注:同一次取样期间不同的大写字母表示处理间差异显著($p<0.05$)。误差线表示标准误差,重复数 $n=3$。

图 4-9　田间试验和温室土柱试验各处理水稻比根氮的动态变化

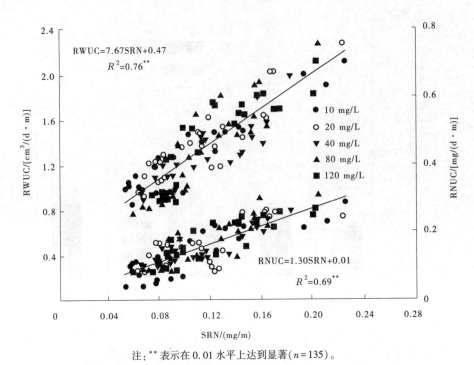

注: ** 表示在 0.01 水平上达到显著($n = 135$)。

图 4-10　水培试验不同生育期各处理水稻根系吸水、吸氮能力(RWUC/RNUC)与比根氮(SRN)的相关性

4.1.6　小结

相对于 TPRPS 处理,GCRPS 处理条件下表层土壤温度在分蘖中期前更高,但土壤含水量在分蘖中期之后较低,导致 GCRPS 处理条件下水稻根系在分蘖中期前生长更快、分枝更多,因而根干重更大、根系更长、根径更小、比根长与根表面积更大,且表层土壤中的根长密度更大,但随后根系生长与分枝都受到明显抑制,尤其在 GCRPS$_{80\%}$ 处理条件下,情况与分蘖中期前截然相反。分蘖中期前,GCRPS 处理条件下单位根长潜在吸水系数和实际吸水系数显著下降,之后,即使在水分胁迫条件下,因根系氮素含量显著提高,其单位根长潜在和实际吸水性能与 TPRPS 处理持平甚至显著提高,尤其是 GCRPS$_{80\%}$ 处理,为该处理条件下更多光合产物分配于地上部(低根冠比)并最终实现节水(包括生理与非生理节水)、增产目标奠定了坚实的基础。

4.2　水稻冠层对覆膜栽培的响应

4.2.1　分蘖数和叶面积

生育前期,TPRPS 处理条件下的土壤温度经常低于 25 ℃,这种情况同样不利于水稻冠层的生长(Shimono et al. , 2002;Nagasuga et al. , 2011;Stuerz et al. , 2014)。GCRPS 处理条件下更高的土壤温度和无机氮含量使其分蘖数和叶面积指数均显著高于 TPRPS

处理(见图4-11)(Xu et al.，2014)。之后生育期,在田间试验中,GCRPS处理条件下的覆膜

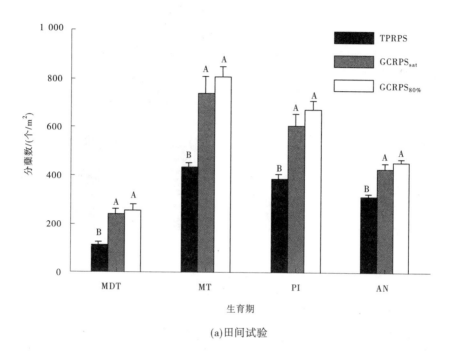

(a)田间试验

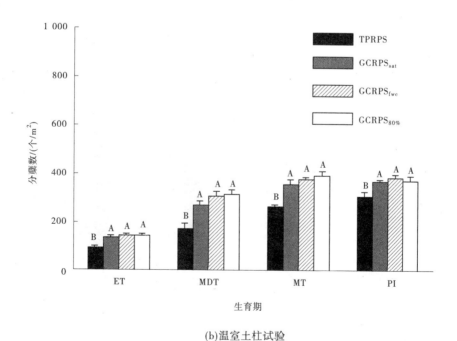

(b)温室土柱试验

注:同一次取样期间不同的大写字母表示处理间差异显著($p<0.05$)。误差线表示标准误差,
田间试验的重复数 $n=6$,温室土柱试验的重复数 $n=3$。

图4-11 田间试验和温室土柱试验各处理水稻分蘖数和叶面积指数的动态变化

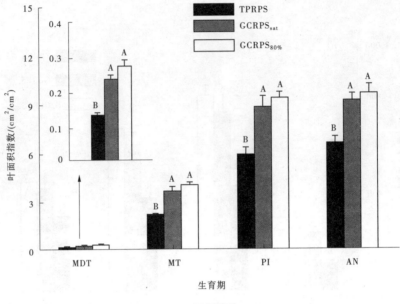

(c)田间试验

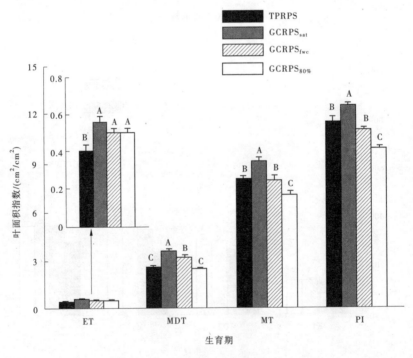

(d)温室土柱试验

续图 4-11

增温效应减弱甚至消失且根区土壤含水量降低,GCRPS 处理条件下分蘖数和叶面积指数仍显著高于 TPRPS 处理,但优势随受胁迫时间的增加逐渐减小。GCRPS 处理条件下水稻的叶面积指数在分蘖中期、最大分蘖期、拔节孕穗期和抽穗扬花期相对 TPRPS 处理依次提高了 92.9%、75.4%、55.3% 和 43.3%[见图 4-11(c)]。在温室土柱试验中,GCRPS$_{sat}$ 处理条件下水稻的分蘖数和叶面积指数均显著高于 TPRPS 处理,与田间试验结果一致。GCRPS$_{fwc}$ 处理和 GCRPS$_{80\%}$ 处理条件下水稻受到更为严重的水分胁迫,其叶面积指数相对 TPRPS 处理的优势消失甚至显著减小[见图 4-11(d)]。

4.2.2 氮素吸收特征

在田间试验中,相对于 TPRPS 处理,整个生育期内 GCRPS 处理条件下水稻的吸氮量均显著升高,但随着植株生长优势在减弱[见图 4-12(a)],导致其土壤无机氮含量逐渐低于 TPRPS 处理[见图 3-5(a)]。在温室土柱试验中,GCRPS$_{sat}$ 处理条件下各生育期的氮素吸收量显著高于 TPRPS 处理,GCRPS$_{fwc}$ 处理条件下水稻的吸氮量由在分蘖初期和中期均显著高于 TPRPS 处理逐渐变为与之无显著差异,GCRPS$_{80\%}$ 处理条件下的吸氮量在分蘖中期前也不低于 TPRPS 处理,之后则显著降低[见图 4-12(b)],表明 GCRPS$_{fwc}$ 处理和 GCRPS$_{80\%}$ 处理条件下严重的水分胁迫显著限制了水稻对氮素的吸收,尤其是 GCRPS$_{80\%}$ 处理,导致土壤无机氮含量逐渐显著高于其他处理[见图 3-5(b)]。

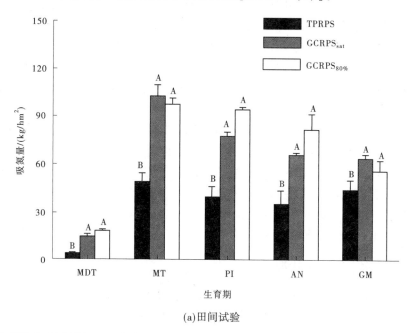

(a)田间试验

注:田间试验,MDT:1~34 d,MT:34~53(51) d,PI:53(51)~78 d,AN:78~99 d,GM:99~135(143) d;温室土柱试验,
ET:21~39 d,MDT:39~59 d,MT:59~79 d,PI:79~99 d。同一次取样期间不同的大写字母表示处理间
差异显著($p<0.05$)。误差线表示标准误差,田间试验的重复数 $n=6$,温室土柱试验的重复数 $n=3$。

图 4-12 田间试验和温室土柱试验各处理水稻在不同生育期的吸氮量

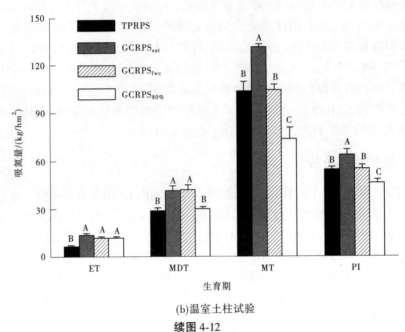

(b)温室土柱试验

续图 4-12

在生育前期,相对于 TPRPS 处理,GCRPS 处理条件下根系吸氮因子显著升高(见图 4-13),表明其水稻根系更为主动地吸收氮素。之后生育期,除了温室土柱试验的 GCRPS$_{fwc}$ 处理和 GCRPS$_{80\%}$ 处理,其他 GCRPS 处理条件下的根系吸氮因子(δ 值)仍显著高于 TPRPS 处理。

综上可得,在生育前期,由于 GCRPS 处理条件下土壤含水量接近饱和(无水层)、更高的土壤温度及无机氮含量等条件的综合效应,导致该处理条件下水稻根系更为庞大(见图 4-1、图 4-2),并且更为主动地吸收氮素(见图 4-13),使其氮素吸收量相对于 TPRPS 处理得到极显著的提高,平均增加了近 3.2 倍。之后生育期,无论土壤无机氮含量的高低(见图 3-5),除温室土柱试验中存在严重水分胁迫的 GCRPS$_{fwc}$ 处理和 GCRPS$_{80\%}$ 处理外,GCRPS 处理条件下水稻的根系更小和长度更短(见图 4-1、图 4-2),但其吸收能力更强(见图 4-8~图 4-10)且更为积极主动地吸收氮素(见图 4-13),使其各生育期的吸氮量均显著高于 TPRPS 处理,能够满足植株的需求。

4.2.3　叶片水分、氮素状况

在生育前期,各处理条件下水稻的叶水势无显著差异(见图 4-14),Shimono 等(2004)和 Kuwagata 等(2012)研究中也发现相似的结果,这可能由于 TPRPS 处理水稻受到土壤温度胁迫后,地上部受到的限制更为明显,根冠比相对 GCRPS 处理明显升高[见图 4-7(c)、(d)],根系能够吸收足够的水分来满足水稻地上部的需求,所以 TPRPS 处理条件下水稻的叶水势相对 GCRPS 处理没有显著下降。之后,叶水势随着根区平均土壤含水量降低而下降。相对于田间试验中 GCRPS$_{80\%}$ 处理与 TPRPS 处理之间叶水势的差异[见图 4-14(a)],温室土柱试验中 GCRPS$_{80\%}$ 和 GCRPS$_{fwc}$ 处理与 TPRPS 处理间差异明显

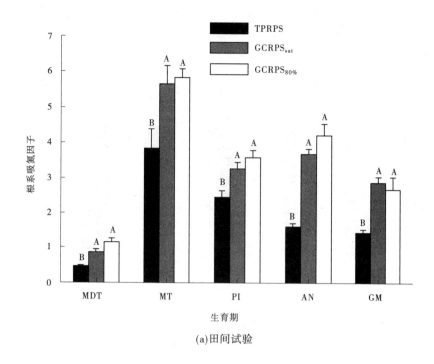

(a)田间试验

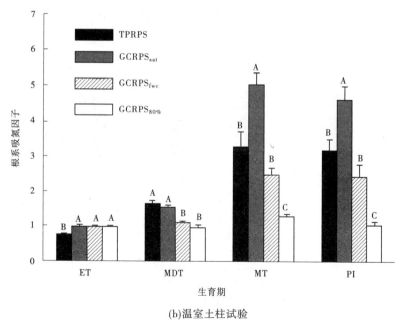

(b)温室土柱试验

注:田间试验,MDT:1~34 d,MT:34~53(51) d,PI:53(51)~78 d,AN:78~99 d,GM:99~135(143) d;温室土柱试验,
ET:21~39 d,MDT:39~59 d,MT:59~79 d,PI:79~99 d。同一次取样期间不同的大写字母表示处理间
差异显著者(p<0.05)。误差线表示标准误差,重复数 n=3。

图 4-13 田间试验和温室土柱试验各处理水稻在不同生育期的根系吸氮因子

更大,表明温室土柱试验中 GCRPS$_{80\%}$ 和 GCRPS$_{fwc}$ 处理条件下水稻比田间试验相应处理受到更为严重的水分胁迫[见图 4-14(b)]。

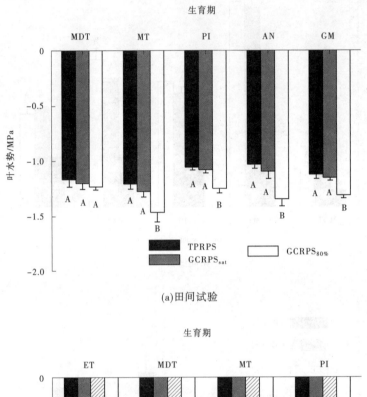

(a)田间试验

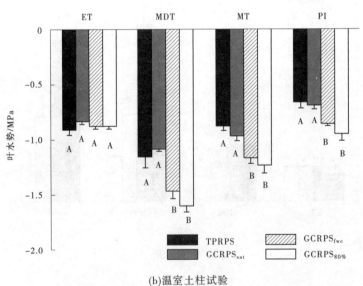

(b)温室土柱试验

注:同一次取样期间不同的大写字母表示处理间差异显著($p<0.05$)。误差线表示标准误差,
　　田间试验的重复数 $n=6$,温室土柱试验的重复数 $n=3$。

图 4-14　田间试验和温室土柱试验各处理水稻叶水势的动态变化

在生育前期,相对于 TPRPS 处理,虽然 GCRPS 处理条件下的叶面积指数显著增大[见图 4-11(c)、(d)],但氮素吸收量提高程度更为显著(见图 4-12),使得 GCRPS 处理条件下的比叶氮均显著高于 TPRPS 处理(见图 4-15)。之后生育期,在田间试验中,相对于 TPRPS 处理,GCRPS 处理条件下的叶面积指数和吸氮量仍显著升高,但叶面积生长[见图 4-11(c)]受

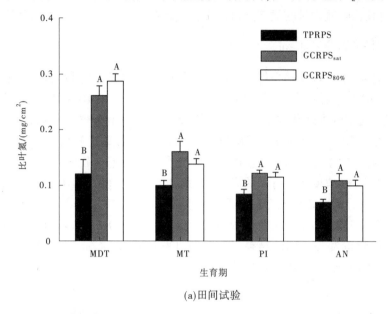

(a)田间试验

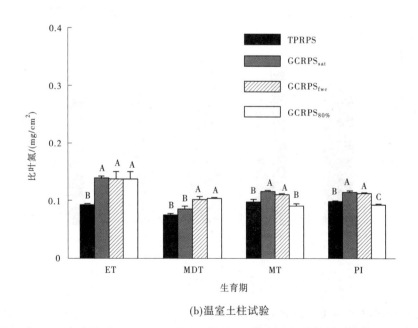

(b)温室土柱试验

注:同一次取样期间不同的大写字母表示处理间差异显著($p<0.05$)。误差线表示标准误差,田间试验的重复数 $n=6$,温室土柱试验的重复数 $n=3$。

图 4-15　田间试验和温室土柱试验各处理水稻比叶氮的动态变化

胁迫的程度小于氮素吸收[见图 4-12(a)],使得 GCRPS 处理条件下比叶氮的优势随着植株生长逐渐减弱,但仍显著高于 TPRPS 处理[见图 4-15(a)]。在温室土柱试验中,由于 GCRPS$_{80\%}$ 处理和 GCRPS$_{fwc}$ 处理受到更为严重的水分胁迫,叶面积和氮素吸收的优势均逐渐减小甚至消失[见图 4-11(d)、图 4-12(b)],叶面积生长受胁迫的程度同样显著小于氮素吸收,使其比叶氮含量的优势随植株生长而减弱甚至消失[见图 4-15(b)]。

4.2.4　叶片气体交换特征

在生育前期,由于各处理条件下水稻叶水势无显著差异(见图 4-14),其蒸腾速率[见图 4-16(a)、(b)]也无显著区别,但其光合速率显著高于 TPRPS 处理[见图 4-16(c)、(d)]。之后,GCRPS 处理条件下的蒸腾速率及光合速率由于根区平均含水量的不同均受到不同程度的限制(见图 4-16),但蒸腾速率下降的程度要显著大于光合速率。水培试验结果表明,各处理条件下水稻最新展开叶的光合速率近似与其比叶氮呈线性正比关系,同样不受氮素形态、浓度及生育期的影响(见图 4-17)。所以,GCRPS 处理条件下生育前期光合速率显著升高及之后光合速率下降程度显著小于蒸腾速率均与其显著增大的比叶氮有关(见图 4-15)(Reich et al.,1989;Novriyanti et al.,2012;Shi et al.,2014)。前人研究表明其他植物也发现相同的结果,例如:向日葵(Connor et al.,1993)、冬小麦(Shi et al.,2014)和水稻(Evans,1989)等。

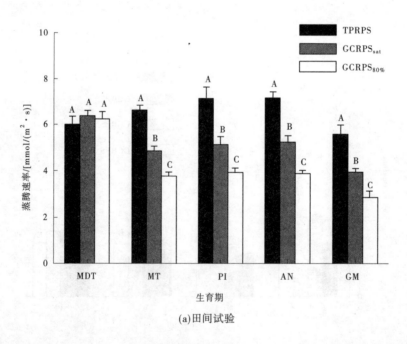

(a)田间试验

注:同一次取样期间不同的大写字母表示处理间差异显著($p<0.05$)。误差线表示标准误差,重复数 $n=6$。

图 4-16　田间试验和温室土柱试验各处理水稻蒸腾速率和光合速率的动态变化过程

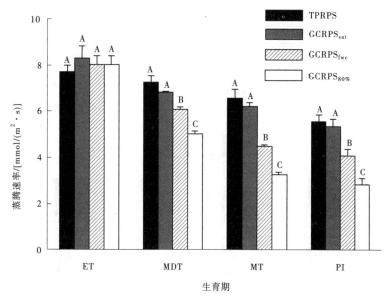

(b)温室土柱试验

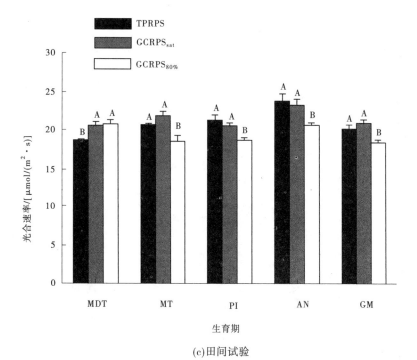

(c)田间试验

续图 4-16

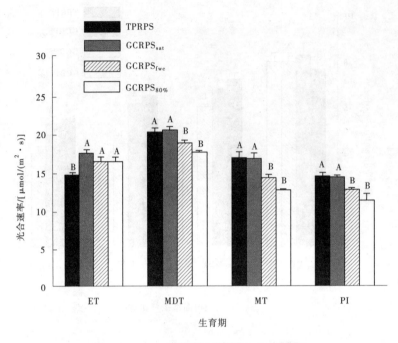

(d)温室土柱试验

续图 4-16

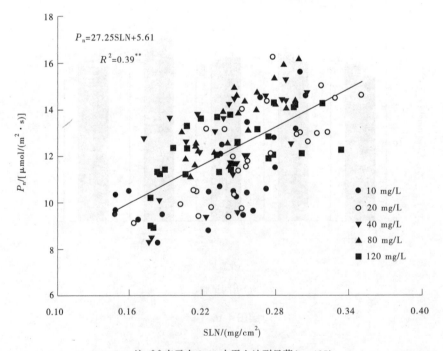

注：＊＊表示在 0.01 水平上达到显著($n=135$)。

图 4-17　水培试验不同生育期各处理水稻光合速率(P_n)与比叶氮(SLN)的相关性

4.2.5　小结

相对于 TPRPS 处理,生育前期 GCRPS 处理条件下显著提高的土壤温度和无机氮含量促进了水稻分蘖和生长,建立了生长优势。之后,GCRPS 处理条件下更小及短但是活性更高(比根氮升高)的根系,使得该处理条件下水稻在遭受水分胁迫时可以吸收相对足够的水分及氮素,获得更好的叶片氮素状态(比叶氮升高),致使光合速率相对于蒸腾速率下降的程度更小,使其在生育前期建立的生长优势得以保持。

4.3　覆膜栽培水稻的节水增产过程与机制

在旱作条件下(除去极度干旱条件),相对于蒸腾量,干重或产量减少量往往更小,导致水分利用效率升高(Zhang et al.,2008;Lei et al.,2009;Matsuo et al.,2010)。有趣的是,在田间试验和温室土柱试验中,GCRPS 处理条件下水分利用效率(见图 3-8、表 3-3)的提高不单是因该处理条件下蒸腾量有所减少(见图 3-6、表 3-1),同时其干重和产量非但没有减少反而显著增大(见图 3-7、表 3-2)。相对于 TPRPS 处理,GCRPS 处理条件下蒸腾量的减少是由于叶片蒸腾速率的下降幅度大于其叶面积增大幅度,即使蒸腾速率开始下降的时间晚于叶面积开始增大的时间[见图 4-16(a)、(b)和图 4-11(c)、(d)]。相类似,由于 GCRPS 处理条件下叶面积的增大幅度大于光合速率下降的幅度[见图 4-11(c)、(d)和图 4-16(c)、(d)],导致该处理条件下干物质累积和产量显著提高。

在生育前期,各处理条件下的根区土壤含水量为饱和含水量或接近饱和含水量(见图 3-1、图 3-2),GCRPS 处理条件下水稻的叶水势(见图 4-14)及蒸腾速率[见图 4-16(a)、(b)]与 TPRPS 处理无差异。然而,由于土壤温度的显著升高(见图 3-3、图 3-4)和更高的土壤无机氮含量(潜在的更高的氮素吸收量)(见图 3-5),显著促进 GCRPS 处理条件下水稻根系的生长及分枝(见图 4-1、图 4-3),根系整体吸收能力显著增强,氮素吸收量随之显著增加(见图 4-12),使得比叶氮含量(见图 4-15)显著升高,从而导致其光合速率显著提高(见图 4-17)。由于 GCRPS 处理条件下叶面积显著增大[见图 4-11(c)、(d)],其蒸腾量也显著提高(见图 3-6),但干物质累积量提高更为显著(见图 3-7),导致其水分利用效率相对 TPRPS 处理显著提高(见图 3-8)。水稻的水分利用效率与比叶氮呈线性正比关系,该结果与目前流行的观点相一致(Shi et al.,2014)。GCRPS 处理条件下显著升高的土壤温度和更高的土壤无机氮含量更为显著地促进了水稻地上部的生长,导致根冠比下降[见图 4-7(c)、(d)]。相对于 TPRPS 处理,各 GCRPS 处理条件下水稻的分蘖数增大了41.6%~66.8%[见图 4-11(a)、(b)],使得其最终有效穗数显著增加(见表 3-2)。综上可得,在生育前期,相对于 TPRPS 处理,由于 GCRPS 处理条件下土壤含水量接近饱和(无水层)、更高的土壤温度及无机氮含量等条件的综合效应,该处理条件下水稻吸收更多的水分及氮素、获得更好的叶片氮素状态,从而显著促进其根系和地上部的生长。

分蘖中期后,伴随 GCRPS 处理条件下覆膜增温效应逐渐减弱直至完全消失,土壤水分成为限制水稻生长的主要因素。GCRPS 处理条件下土壤含水量的下降,导致其叶水势(见图 4-14)、光合速率和蒸腾速率均显著下降(见图 4-16)。然而,光合速率下降的程度显著小于蒸腾速率,这可能与该处理条件下显著增大的比叶氮有关(见图 4-15、图 4-17)。除了受到显著水分胁迫的温室土柱试验 GCRPS$_{fwc}$ 处理和 GCRPS$_{80\%}$ 处理,其他 GCRPS 处理条件下水稻吸氮量显著增大(见图 4-12),导致土壤无机氮含量相对于 TPRPS 处理下降的速度更快和幅度更大[见图 3-5(a)],即使通过非生理水分损失量显著减少。温室土柱试验 GCRPS$_{80\%}$ 处理条件下,严重的水分胁迫显著限制水稻对氮素的吸收[见图 4-12(b)],导致其土壤无机氮含量显著高于其他处理[见图 3-5(b)]。GCRPS 处理条件下(除温室土柱试验 GCRPS$_{fwc}$ 处理和 GCRPS$_{80\%}$ 处理外),受益于植株更好的氮素状态,其光合速率下降程度显著小于蒸腾速率,使其在生育前期建立的生长优势得以保持(见图 3-7、图 4-11),水分利用效率得到提高(见图 3-8、表 3-3),即使其根系生长受到水分胁迫的限制。除了温室土柱试验的 GCRPS$_{fwc}$ 处理和 GCRPS$_{80\%}$ 处理,其他 GCRPS 处理条件下的 δ 值显著高于 TPRPS 处理(见图 4-13),表明 GCRPS 处理条件下(除严重水分胁迫处理外)水稻根系更为主动地吸收氮素,无论土壤无机氮含量的高低。相对于 TPRPS 处理,GCRPS 处理条件下显著减少的根长[见图 4-2(a)、(b)]、相对根长下降程度较小的蒸腾量(见图 3-6)、显著增加氮素吸收量(见图 4-12)及更高的比根氮(见图 4-9)表明,该处理条件下水稻根系具有更强的吸收能力。水稻根系吸收能力与比根氮呈线性正相关(见图 4-10),在冬小麦也发现相似的结果(Shi et al. , 2009;Shi et al. , 2013)。综上可得,虽然 GCRPS 处理条件下水稻根系更小、根长更短,但吸收能力更强,可以吸收足够的水分及养分(尤其是氮素)来支撑相对更为庞大的冠层。

由于叶片蒸腾速率的下降幅度大于其叶面积增大幅度,即使蒸腾速率开始下降的时间晚于叶面积开始增大的时间,就整个生长季而言,覆膜水稻的蒸腾量相对于淹水栽培平均下降了 7.9%。覆膜栽培水稻显著升高的根系吸收能力,使其吸氮量较传统淹水栽培平均升高达 96.3%,故覆膜栽培水稻能够拥有更强的水分利用效率及光合效率,从而有效缓解生育后期的水分胁迫对光合作用的抑制,导致光合速率下降的幅度小于叶面积的增大幅度,保持在生育前期建立的生长优势并最终实现节水增产。

第 5 章 应用水量平衡法评估覆膜栽培稻田水分利用效率

本书第 3 章、4 章中的结果表明,相对传统淹水栽培,覆膜栽培水稻在增产前提下,水分利用效率得到提高。为进一步提高其水分利用效率,指导和优化其灌溉制度,本章详细介绍了如何通过应用水量平衡法评估覆膜栽培稻田的水分利用效率。大体过程如下:基于 2 年的综合田间试验,依据覆膜栽培水稻各生育期蒸散量和产量等数据,基于 Jensen 模型拟合获得各生育期的水分敏感系数并验证,构建覆膜栽培旱作水稻水分生产函数;依据灌溉、排水、根系分布和气象等数据,采用水量平衡模型分层逐日估算各水均衡项的数值,预测各土层土壤含水量的变化,通过 2 年实测含水量剖面数据进行校验,构建覆膜栽培稻田土壤水分分布模拟模型和作物蒸散估算模型;根据当地实际情况设定不同灌溉情景,以 2013 年的气象条件为例,应用上述土壤模型,对不同灌溉制度下覆膜旱作水稻的耗水特征、产量及水分利用效率进行分析比较,上述内容可为指导覆膜旱作水稻的灌溉,进一步提高水分利用效率提供理论依据。

5.1 覆膜处理的蒸散与产量

根据水均衡可获得各处理水稻不同生育阶段的蒸散强度和累积蒸散量(Jin et al., 2016)。相对于 $GCRPS_{sat}$ 处理,$GCRPS_{80\%}$ 处理条件下水稻各生育期的蒸散量均有所减少(见图 5-1),2013 年分蘖期(TI)、拔节孕穗期(PI)、抽穗扬花期(AN)和乳熟期(MR)的蒸散量相较于 $GCRPS_{sat}$ 处理分别下降了 3.6%、6.6%、9.6% 和 0.7%,2014 年相应下降了 4.3%、6.1%、11.3% 和 1.9%,但处理间的差异均不显著,表明 $GCRPS_{80\%}$ 处理受到的水分胁迫均较为轻微,相比较而言,对耗水高峰期——抽穗扬花期(AN)的影响更为明显(降低幅度更大),其他研究者也曾报道过类似的研究结果(刘广明 等,2005;武立权 等,2006)。

2013 年和 2014 年 $GCRPS_{sat}$ 处理水稻的产量分别为 9.23 t/hm^2 和 9.27 t/hm^2,由于水分胁迫较轻微,$GCRPS_{80\%}$ 处理的产量也分别达 9.02 t/hm^2 和 9.12 t/hm^2,仅下降了 2.3% 和 1.6%。

温室土柱试验结果表明,当根区平均含水量持续维持在 80% 左右的田间持水量时,覆膜水稻已受到较为严重的水分胁迫,致使其根系和地上部的生长均受到显著抑制[见图 4-1(b) 和图 4-11(b)、(d)]。鉴于此,田间试验将覆膜旱作处理的灌溉下限设定为 80% 田间持水量,但田间条件下毕竟难以像室内土柱试验那样控制一个相对较为稳定的根区平均含水量水平,考虑到生产实际中的可操作性,只能通过沟灌方式,当根区平均含水量降至 80% 田间持水量时灌水至沟满($GCRPS_{80\%}$ 处理),这样使得其根区平均含水量基本介于饱和至 80% 田间持水量之间,水分条件其实要大大优于室内土柱试验,故而能表现出 $GCRPS_{80\%}$ 处理尽管已受水分胁迫,但程度仍较轻微,因此蒸散和产量与供水充分的 GCRPS$_{sat}$ 处理间的差异并不十分显著。

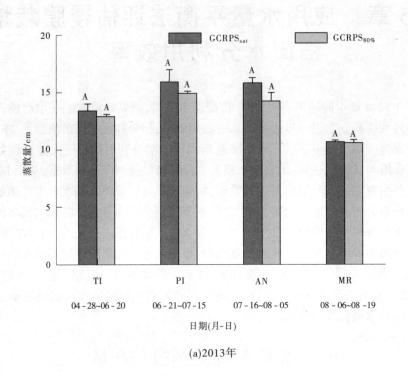

(a)2013年

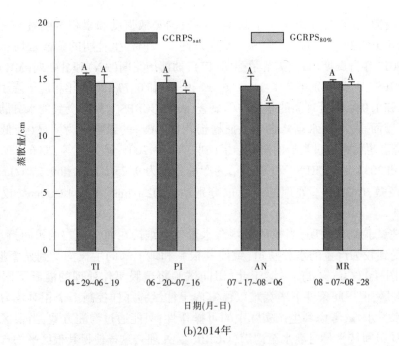

(b)2014年

注:同一生育期相同的大写字母表示处理间差异不显著(p>0.05)。误差线表示标准误差,重复数 n=3。

图 5-1　2013 年和 2014 年覆膜处理水稻各生育期的蒸散量

5.2　覆膜栽培水稻的水分生产函数

根据前述内容,选用 Jensen 模型和 2013 年两覆膜处理的蒸散强度和产量数据拟合,得到覆膜旱作水稻分蘖期、拔节孕穗期、抽穗扬花期和乳熟期的水分敏感系数 λ_i 依次为 0.108、0.110、0.114 和 0.099。之后,应用所建立的 Jensen 水分生产函数和相关实测资料模拟获得 2014 年 GCRPS$_{80\%}$ 处理条件下水稻的产量约为 9.02 t/hm^2,仅比实测值低 1.1%,表明构建的水分生产函数可较好地反映覆膜旱作水稻的水分-产量关系。

拟合所得各生育期 λ_i 差异不大,但中间两个生育期的值略高的主要原因可能在于:GCRPS$_{80\%}$ 处理水稻未受到显著的水分胁迫,致使其各生育期蒸散量和产量相对 GCRPS$_{sat}$ 处理下降程度不是非常明显(见图 5-1);另外,图 5-1(a)还表明,尽管覆膜水稻在拔节孕穗期和抽穗扬花期的蒸散量略高,但不同生育阶段累积蒸散量的差异并不是很大[图 5-1 (b)中显示的 2014 年的结果更是如此]。由此看来,为了更好地了解覆膜水稻的水分-产量关系,还有必要进一步降低根区平均含水量的控制下限。当然,本书的研究思路和方法对于进一步的深入研究仍具有重要的参考价值。

5.3　覆膜栽培稻田土壤含水量分布模拟

采用水量平衡模型,依据灌溉、排水和天气等情况,对 GCRPS$_{80\%}$ 处理 2013 年和 2014 年全生育期内各土层土壤含水量的动态变化过程进行了模拟,实测值和模拟值的对比如图 5-2 所示。从整体模拟效果来看,0~10 cm 和 10~20 cm 土层土壤含水量较低、变化幅度较大,模拟值与实测值吻合较好,基本捕捉到了含水量的变化动态[见图 5-2(a)~(d)],但由于较低的含水量值容易导致出现较大的相对误差,故其 nRMSE 值均较高,最大误差均出现在含水量变幅最大的 0~10 cm 土层(见表 5-1);而 20~30 cm 和 30~40 cm 土层的土壤含水量较高但变化幅度较小,尽管模拟值与实测值间的 RMSE 和 nRMSE 值较小(见表 5-1),但动态模拟过程吻合程度稍差,模拟值总体偏小[见图 5-2(e)~(h)],这可能与该模型没能在更小的时间和空间尺度上考虑与地下水之间的补、排关系有关。事实上,水稻生长季内,当地地下水水位基本在地表下 40~70 cm 范围内波动(Jin et al.,2016)。

尽管如此,2013 年 GCRPS$_{80\%}$ 处理全生育期内各土层土壤含水量实测值与模拟值间的 RMSE 和 nRMSE 最大值也仅分别为 0.035 cm^3/cm^3 和 14.70%,2014 年的相应值也均在 0.039 cm^3/cm^3 和 13.50% 以下(见表 5-1),表明选用的计算方法和参数较为合理,可较好地模拟覆膜旱作稻田的水分运动规律。

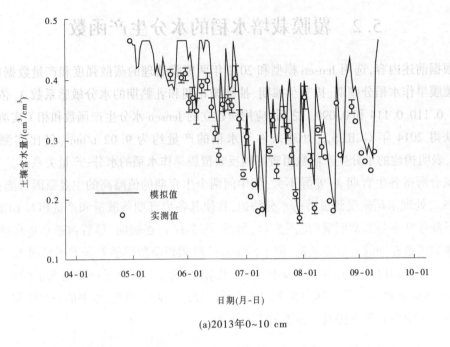

(a)2013年0~10 cm

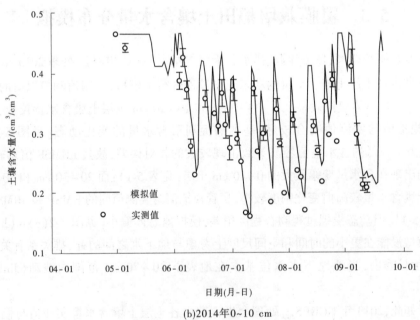

(b)2014年0~10 cm

注:误差线表示标准误差,重复数 $n=9$。

图 5-2　2013 年和 2014 年 GCRPS_{80%} 处理各土层土壤含水量实测值和模拟值的动态变化

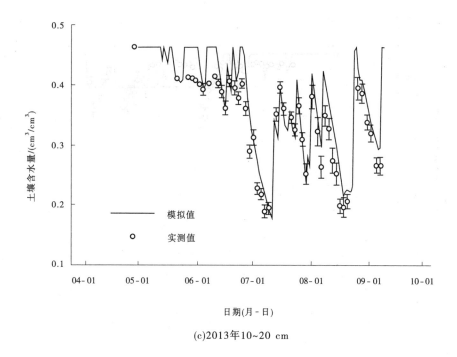

(c)2013年10~20 cm

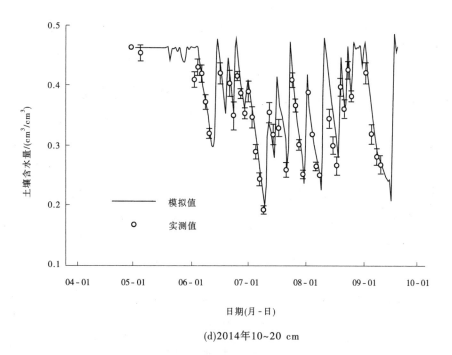

(d)2014年10~20 cm

续图 5-2

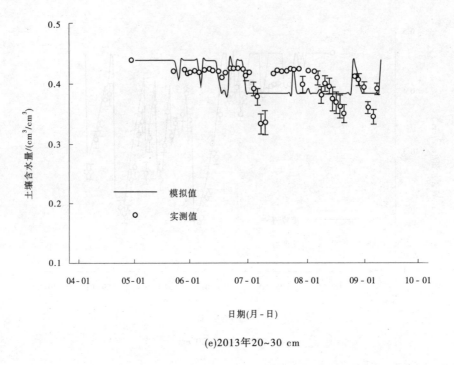

(e)2013年20~30 cm

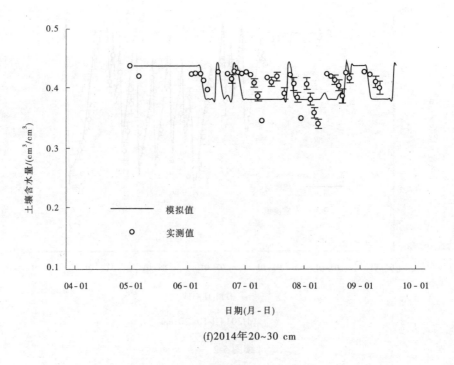

(f)2014年20~30 cm

续图 5-2

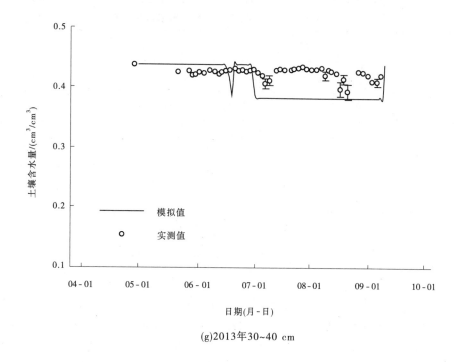

(g)2013年30~40 cm

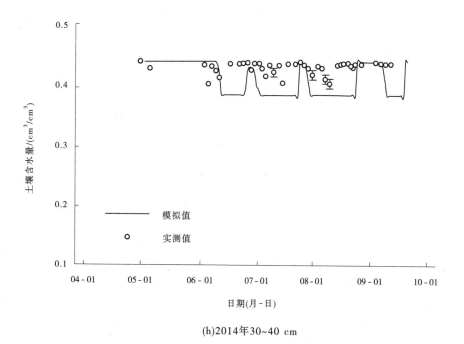

(h)2014年30~40 cm

续图 5-2

表 5-1   2013 年和 2014 年覆膜旱作处理(GCRPS$_{80\%}$)各土层土壤含水量实测值和模拟值的
均方根差(RMSE) 与相对均方根差(nRMSE)

深度/cm	2013 年		2014 年	
	RMSE/(cm³/cm³)	nRMSE/%	RMSE/(cm³/cm³)	nRMSE/%
0~10	0.035	14.70	0.039	13.50
10~20	0.034	10.60	0.029	8.40
20~30	0.026	6.40	0.026	6.30
30~40	0.033	7.80	0.031	8.50

5.4   灌溉制度优化

如前所述,基于 2013 年的气象条件,设置 GCRPS$_{sat}$、GCRPS$_{100\%}$、GCRPS$_{90\%}$、GCRPS$_{80\%}$
和 GCRPS$_{70\%}$ 等 5 种灌溉情景,在模拟土壤水分分布的基础上获取蒸发量、蒸腾量,并进而
通过水分生产函数估算作物产量,从而对不同灌溉情景下的水分利用效率进行分析比较。
由于式(2-4)中的各均平衡分项(P、I、T_a、E_a、R、ΔW、D)均处于不断变化之中,其中一些变
量(如 P、I、R)多数时候并无取值,为方便起见,对以上水均衡分项的分析比较将建立在各
生育阶段或全生育期累积的基础之上。

模拟获得的不同灌溉情景下覆膜旱作水稻各生育期的蒸散量和产量见表 5-2,为方
便比较,将田间试验中 TPRPS 处理的相关实测值也列于表 5-2。自 GCRPS$_{sat}$ 至
GCRPS$_{70\%}$,所控制的根区平均含水量阈值不断降低,水分胁迫程度逐渐增加,因而各生育
期的蒸散量和产量均随之逐渐衰减,其中 GCRPS$_{70\%}$ 情景下降程度最大,分蘖期、拔节孕穗
期、抽穗扬花期和乳熟期的蒸散量较供水充分的 GCRPS$_{sat}$ 分别下降了 7.5%、12.5%、
13.9%和 7.5%,产量则下降了 4.6%,尽管如此,其产量(8.81 t/hm²)仍高于 TPRPS 处理
(8.11 t/hm²),表明覆膜的增产效应仍然十分显著(Qu et al. , 2012;Jin et al. , 2016)。

表 5-2   不同灌溉情景下覆膜旱作水稻各生育期的蒸散量和产量

灌溉制度	蒸散量/cm				产量/(t/hm²)
	分蘖期 (04-28~06-20)	拔节孕穗期 (06-21~07-15)	抽穗扬花期 (07-16~08-05)	乳熟期 (08-06~08-19)	
TPRPS	21.8	19.8	19.6	11.1	8.11
GCRPS$_{sat}$	13.4	16.0	15.8	10.7	9.23

续表 5-2

灌溉制度	蒸散量/cm				产量/ (t/hm²)
	分蘖期 (04-28~06-20)	拔节孕穗期 (06-21~07-15)	抽穗扬花期 (07-16~08-05)	乳熟期 (08-06~08-19)	
$GCRPS_{100\%}$	13.2	15.6	15.7	10.6	9.18
$GCRPS_{90\%}$	13.1	15.1	15.2	10.6	9.11
$GCRPS_{80\%}$	12.9	14.9	14.2	10.6	9.02
$GCRPS_{70\%}$	12.4	14.0	13.6	9.9	8.81

除 TPRPS 处理外,不同覆膜稻田的储水量变化较小,在耗水中所占比例十分有限,几乎可忽略不计,因此暂不作考虑,其他各水均衡分项则呈现出显著的变化规律(见表 5-3)。随着灌溉量的减少,稻田的蒸发量、蒸腾量和深层渗漏量均随之减少(Kadiyala et al., 2015),就径流排水量而言,由于覆膜处理稻田不允许出现膜上积水,而淹水处理允许有 5~10 cm 的水层,故覆膜处理的径流量均高于淹水处理,但各覆膜处理的径流量仍随灌水量的减少而降低。相较于 $GCRPS_{sat}$ 处理,$GCRPS_{70\%}$ 处理下灌溉量、蒸发量、蒸腾量、渗漏量和径流量分别减少了 77.0%、75.9%、13.8%、60.9% 和 29.1%;由于产量仅下降了 4.6%,所以灌溉水分利用效率(WUE_I)、蒸腾水分利用效率(WUE_T)和总水分利用效率(WUE_{I+P})分别增加了 314.6%、10.5% 和 27.8%。

表 5-3　不同灌溉制度下根区水量平衡及水分利用效率

灌溉 制度	降雨 量/cm	灌溉 量/cm	蒸腾 量/cm	蒸发 量/cm	渗漏 量/cm	径流 量/cm	储水 量变 化/cm	灌溉水分 利用效率 $WUE_I/$ (kg/m³)	蒸腾水分 利用效率 $WUE_T/$ (kg/m³)	总水分 利用效率 $WUE_{I+P}/$ (kg/m³)
TPRPS	63.8	80.2	66.0	13.7	63.1	6.5	−5.3	1.01	1.23	0.56
$GCRPS_{sat}$	63.8	31.3	64.5	2.9	15.1	13.4	−0.8	2.95	1.43	0.97
$GCRPS_{100\%}$	63.8	24.2	62.4	1.5	12.5	12.2	−0.6	3.79	1.47	1.04
$GCRPS_{90\%}$	63.8	17.9	59.8	1.2	9.9	11.4	−0.6	5.09	1.52	1.11
$GCRPS_{80\%}$	63.8	11.3	58.2	0.9	6.3	10.4	−0.7	7.98	1.55	1.20
$GCRPS_{70\%}$	63.8	7.2	55.6	0.7	5.9	9.5	−0.7	12.23	1.58	1.24

综上可得,覆膜的增温增产效应使得各 GCRPS 处理的产量均显著高于 TPRPS 处理;当水分充足以追求高产为目标时,$GCRPS_{sat}$ 处理条件下水稻产量最高,可达 9.23 t/hm²,相对 TPRPS 处理提高了 13.8%,且总水分利用效率(WUE_{I+P})也提高了 73.2%;当水分不

足以追求更高水分利用效率为目标时,GCRPS$_{70\%}$处理条件下的总水分利用效率(WUE$_{I+P}$)相对于 TPRPS 处理和 GCRPS$_{sat}$ 处理分别可提高 121.4% 和 27.8%。

5.5 小 结

为进一步优化覆膜旱作水稻生产体系的灌溉制度,通过 2 年的田间试验,构建并校验了覆膜旱作稻田水分生产函数及土壤水分分布估算的水量平衡模型,在此基础上设置不同的覆膜旱作稻田灌溉情景,采用经校验的水量平衡模型和水分生产函数分别估算了不同情景条件下的含水量、蒸散量和产量,进而对不同灌溉制度下覆膜栽培水稻的耗水特征、产量及水分利用效率进行了分析比较。得到主要结论如下:

(1)所构建的水分生产函数可较好地反映覆膜旱作水稻各生育期的水分-产量关系,模拟获得的覆膜旱作处理水稻产量仅比实测值低 1.1%。

(2)基于水量平衡法所构建的土壤水分分布模拟模型可较好地模拟覆膜旱作稻田水分运动,保证根区各土层土壤含水量实测值与模拟值间的均方根差不高于 0.039 cm^3/cm^3、相对均方根差在 15% 以内。

(3)覆膜的增温增产效应使得各覆膜处理的产量和水分利用效率均显著高于 TPRPS 处理;但各覆膜处理的产量随灌溉量的减少而减少,水分利用效率则随灌溉量的减少而增加。因此,当水分充足以追求高产为目标时,覆膜湿润栽培水稻产量最高,相对传统淹水提高了 13.8%;当水分不足以追求更高水分利用效率为目标时,GCRPS$_{70\%}$处理条件下的的总水分利用效率相对于传统淹水和覆膜湿润栽培可分别提高 121.4% 和 27.8%。

田间试验中所设置的 GCRPS$_{80\%}$处理还难以形成严重的水分胁迫,对覆膜水稻蒸散和产量的影响并不十分显著,有关覆膜水稻的作物-水分关系,尚有必要借助本书的研究思路和方法,在降低根区平均含水量控制下限的基础上进一步开展深入研究。

第 6 章　结论与建议

6.1　主要结论

　　本书以传统淹水栽培为对照,通过布置田间试验、温室土柱试验和室内水培试验,获取了覆膜栽培稻田土壤水分、温度及无机氮含量的变化,率先分析了覆膜栽培水稻根系的生长、形态、分布特征及吸收功能,进而结合根系功能变化探究了覆膜栽培水稻冠层水分及氮素状态、叶片气体交换特征、水氮吸收利用状况等生理过程的变化及其相关机制,综合上述内容,最终阐明了覆膜栽培水稻节水增产的生理过程及机制。另外,为优化灌溉制度,进一步提高水分利用效率,首先建立了覆膜栽培水稻水分生产函数,应用水量平衡法对不同灌溉情景的土壤含水量分布进行了模拟,从而获得其蒸发蒸腾量,结合水分生产函数获得产量,评估了覆膜栽培不同灌溉措施的耗水规律、产量与水分利用效率。主要的研究结论如下:

　　(1)在生育前期(田间试验分蘖中期和温室土柱试验分蘖初期),升高的土壤温度和无机氮含量显著促进覆膜栽培水稻根系生长和分枝,但单位根长实际和潜在吸水系数显著减小。之后,覆膜增温效应的减弱甚至消失及根区土壤含水量的降低,使覆膜栽培水稻根系生长与分枝受到抑制,尤其是覆膜旱作栽培水稻,结果与分蘖中期前完全相反,因根系氮素含量的显著提高,其单位根长潜在吸水系数和实际吸水系数与 TPRPS 处理持平甚至显著提高。在全生育期内,虽然土壤温度和水分对根长密度分布产生显著影响,但无论传统淹水和覆膜栽培水稻,相对根长密度分布规律一致,可统一描述为一个具有一定物理意义的指数函数。

　　(2)在生育前期,各栽培条件下水稻的蒸腾速率无显著差异,但覆膜栽培水稻的光合速率显著高于淹水栽培水稻。之后,覆膜栽培水稻的蒸腾速率及光合速率随根区含水量降低而下降,但蒸腾速率受限制的程度显著高于光合速率。水培试验结果表明,水稻最新展开叶的光合速率与其比叶氮呈线性正比关系($R^2 = 0.39^{**}$),田间试验和温室土柱试验显示覆膜栽培水稻的比叶氮相对于淹水栽培显著升高,但优势随着植株生长增加会有所减小。所以覆膜栽培水稻光合作用受到较小程度抑制的原因是其叶片氮素状态的改善。

　　(3)在田间试验中,虽然覆膜栽培水稻叶面积均显著增大,但由于蒸腾速率显著减小,整个生长季的蒸腾量相对于淹水栽培显著下降,然而吸氮量增大程度极为显著。水培试验结果表明,根系吸水、吸氮能力与其比根氮呈线性正比关系($R^2 = 0.76^{**}$ 和 $R^2 = 0.69^{**}$),且不受氮素形态、浓度及生育期的影响,除温室土柱试验中严重水分胁迫的处理外,覆膜旱作水稻的比根氮和主动吸收性能均显著高于覆膜湿润和传统淹水水稻,即使土壤无机氮含量显著减小。由此可得,受益于其显著提高的根系吸收能力及主动吸收性能,覆膜栽培水稻能够吸收足够的水分和更多的氮素,缓解水分胁迫对光合作用的抑制,保持在生育前期建立的生长优势,最终实现节水增产。

(4)所构建的水分生产函数可较好地反映覆膜旱作水稻各生育期的水分-产量关系,模拟获得的覆膜旱作处理水稻产量仅比实测值低 1.1%;基于水量平衡法所构建的土壤水分分布模拟模型可较好地模拟覆膜旱作稻田的水分运动,保证根区各土层土壤含水量实测值与模拟值间的均方根差不高于 0.039 cm^3/cm^3、相对均方根差在 15%以内;覆膜的增温增产效应使得各覆膜处理的产量和水分利用效率均显著高于 TPRPS 处理;但各覆膜处理的产量随灌溉量的减少而减少,水分利用效率则随灌溉量的减少而增加。因此,当水分充足以追求高产为目标时,覆膜湿润栽培水稻产量最高,相对传统淹水提高了 13.8%;当水分不足以追求更高水分利用效率为目标时,$GCRPS_{70\%}$ 处理条件下的总水分利用效率相对于传统淹水和覆膜湿润栽培可分别提高 121.4%和27.8%。

6.2　建　议

通过布置田间试验、温室土柱试验和室内水培试验,分析了覆膜栽培水稻根系的生长、形态、分布特征及吸收功能,进而探究覆膜栽培水稻水分及氮素状态、叶片气体交换特征、水氮吸收利用状况和根系功能变化等生理过程变化及其相关机制,阐明了覆膜栽培水稻节水增产的生理过程及机制。另外,建立了覆膜栽培水稻水分生产函数,应用水量平衡法对不同灌溉情景的土壤含水量分布进行了模拟,评估了覆膜栽培不同灌溉措施的耗水规律、产量与水分效率。但是由于时间及试验条件的限制,上述研究结果还不是很完善,在后续的研究工作中需进一步研究和探讨。

(1)本书所涉及的覆膜栽培技术是在高冷山区进行的,采用当地广泛种植的籼稻品种。在保证生育前期存在温度胁迫的前提下,在不同的土壤理化、水文条件甚至气候条件及采用不同种属水稻,覆膜栽培水稻生产技术能否实现节水又增产还有待确定。

(2)本书发现覆膜栽培水稻根系的外部形态发生显著变化,但其内部解剖结构的变化尚未确定,例如:中柱的直径、后生木质部和凯氏带厚度的变化,厚壁组织细胞排列的紧密度和水稻根系特有通气组织体积的变化等。

(3)本书从外在的角度发现了水稻根系吸收功能与根氮含量之间的关系,应该透过现象看本质,从植物生理角度继续探索根氮含量与根系吸收功能之间的关系,如根系中密切参与水分和氮素吸收的转运粒子及酶、水通道蛋白、硝酸还原酶等数量和活性的变化。

参考文献

柏彦超,王娟娟,倪梅娟,等,2008.水分及铵、硝营养对水稻幼苗氮素吸收的影响[J].植物营养与肥料学报(1):184-188.

鲍玉海,杨吉华,李红云,等,2005.不同灌木树种蒸腾速率时空变异特征及其影响因子的研究[J].水土保持学报(3):184-187.

蔡昆争,骆世明,方祥,2006.水稻覆膜旱作对根叶性状、土壤养分和土壤微生物活性的影响[J].生态学报,26(6):1903-1911.

陈锦强,李明启,1983.不同氮素营养对黄麻叶片的光合作用、光呼吸的影响及光呼吸与硝酸还原的关系[J].植物生理学报(3):251-259.

陈书强,郑桂萍,李金峰,等,2005.水分胁迫条件下水稻生理生化响应研究进展[J].黑龙江八一农垦大学学报,17(1):31-36.

陈亚新,康绍忠,1995.非充分灌溉原理[M].北京:水利电力出版社.

程旺大,赵国平,张国平,等,2002.水稻节水栽培的生态和环境效应[J].农业工程学报,18(1):191-194.

丁颖,1961.中国水稻栽培学[M].北京:农业出版社.

方荣杰,李远华,张明炷,1996.非充分灌溉条件下水稻根系生长发育特征研究[J].中国农村水利水电(8):11-14.

高延军,张喜英,陈素英,等,2004.冬小麦叶片水分利用生理机制的研究[J].华北农学报(4):42-46.

关义新,林葆,凌碧莹,2000.光、氮及其互作对玉米幼苗叶片光合和碳、氮代谢的影响[J].作物学报(6):806-812.

何春燕,张忠,何新林,等,2007.作物水分生产函数及灌溉制度优化的研究进展[J].水资源与水工程学报(3):42-45.

黄义德,张自立,魏凤珍,等,1999.水稻覆膜旱作的生态生理效应[J].应用生态学报(3):50-53.

金欣欣,2016.覆膜栽培对水稻耗水和节水特性的影响[D].北京:中国农业大学.

金欣欣,石建初,李森,等,2017.根系吸水模型模拟覆膜旱作水稻气孔导度[J].农业工程学报,33(9):107-115.

李霆,康绍忠,粟晓玲,2005.农作物优化灌溉制度及水资源分配模型的研究进展[J].西北农林科技大学学报(自然科学版)(12):148-152,158.

廖建雄,王根轩,2002.干旱、CO_2和温度升高对春小麦光合、蒸发蒸腾及水分利用效率的影响[J].应用生态学报(5):547-550.

刘芳,樊小林,李天安,等,2004.覆盖旱种水稻稻田土壤剖面硝态氮和铵态氮的动态变化[C]//中国土壤学会.第九届中国青年土壤科学工作者学术讨论会暨第四届中国青年植物营养与肥料科学工作者学术讨论会论文集.成都:西南农业学报.

刘广明,杨劲松,姜艳,等,2005.基于控制灌溉理论的水稻优化灌溉制度研究[J].农业工程学报,21(5):29-33.

刘祖贵,陈金平,段爱旺,等,2005.水分胁迫和气象因子对冬小麦生理特性的影响[J].灌溉排水学报(1):33-37.

马军花,任理,2005.考虑水力学和矿化参数空间变异下土壤水氮运移的数值分析[J].水利学报(9):1067-1076.

马雯雯,金欣欣,石建初,等,2015.基于CERES-Rice模型的覆膜旱作稻田增温效应模拟[J].农业工程学报(9):215-222.

马雯雯,石建初,金欣欣,等,2017.改进 CERES-Rice 模型模拟覆膜旱作水稻生长[J].农业工程学报,33 (6):115-123.

牟筱玲,鲍啸,2003.土壤水分胁迫对棉花叶片水分状况及光合作用的影响[J].中国棉花(9):9-10.

潘晓华,王永锐,傅家瑞,1996.水稻根系生长生理的研究进展[J].植物学通报(2):14-21.

彭世彰,李荣超,2001.覆膜旱作水稻蒸发蒸腾量计算模型研究[J].河海大学学报(自然科学版)(3): 51-54.

沈康荣,李家军,汪晓春,等,2009.旱稻地膜覆盖栽培技术研究[J].湖北农业科学(4):799-802.

沈康荣,汪晓春,刘军,等,1997.水稻全程地膜覆盖湿润栽培法增产因子及关键栽培技术的研究[J].华 中农业大学学报,16(6):19-23.

沈康荣,汪晓春,刘军,1998.水稻全程地膜覆盖湿润栽培试验、示范与增产原因分析[J].中国稻米,4 (5):12-14.

石建初,金欣欣,李森,等,2016.覆膜旱作稻田水均衡及蒸腾耗水规律分析[J].水利学报(10): 1260-1268.

司昌亮,卢文喜,侯泽宇,等,2013.水稻各生育阶段分别受旱条件下产量及敏感系数差异性研究[J].节 水灌溉(7):10-12.

司徒淞,王和洲,张薇,2000.中国水稻节水若干问题的探讨与建议[J].灌溉排水,19(1):30-33.

孙骏威,杨勇,蒋德安,2004.水分亏缺下水稻的光化学和抗氧化应答[J].浙江大学学报(农业与生命科 学版)(3):44-50.

汪晓春,刘军,2001.水稻地膜覆盖栽培的抗旱节水效应[J].湖北农业科学,1(1):8-11.

王克全,付强,季飞,等,2007.黑龙江省西部半干旱区水稻水分生产函数及优化灌溉制度研究[J].节水 灌溉(8):48-51.

王树森,邓根云,1991.地膜覆盖增温机制研究[J].中国农业科学(3):74-78.

王喜庆,李生秀,高亚军,1997.土壤水分在提高氮肥肥效中作用机制[J].西北农业大学学报(1):22-26.

王志琴,杨建昌,朱庆森,等,1998.水分胁迫下外源多胺对水稻叶片光合速率与籽粒充实的影响[J].中 国水稻科学(3):185-188.

巫伯舜,谢秀先,1985.水稻的旱种技术[M].北京:农业出版社.

吴楚,王政权,范志强,等,2004.氮胁迫对水曲柳幼苗养分吸收、利用和生物量分配的影响[J].应用生态 学报,15(11):2034-2038.

吴良欢,陈峰,方萍,等,1995.水稻叶片氮素营养对光合作用的影响[J].中国农业科学(S1):104-107.

吴文革,徐秀娟,1998.覆膜旱作水稻生育特点及其适宜栽培技术的研究[J].安徽农业科学,26(3): 227-230.

武立权,黄义德,肖幼,等,2006.淠史杭灌区水稻水分生产函数与优化灌溉制度研究[J].安徽农业大学 学报(3):297-301.

杨建昌,王志琴,刘立军,等,2002.旱种水稻生育特性与产量形成的研究[J].作物学报(1):11-17.

杨建昌,王志琴,朱庆森,1995.水稻品种的抗旱性及其生理特性的研究[J].中国农业科学(5):65-72.

杨涛,梁宗锁,薛吉全,等,2002.土壤干旱不同玉米品种水分利用效率差异的生理学原因[J].干旱地区 农业研究(2):68-71.

于海秋,武志海,沈秀瑛,等,2003.水分胁迫下玉米叶片气孔密度、大小及显微结构的变化[J].吉林农业 大学学报(3):239-242.

张福锁,1993.环境胁迫与植物根际营养[M].北京:农业大学出版社.

张继祥,魏钦平,于强,等,2003.植物光合作用与群体蒸散模拟研究进展[J].山东农业大学学报(自然科学版)(4):613-618.

张利平,夏军,胡志芳,2009. 中国水资源状况与水资源安全问题分析[J]. 长江流域资源与环境(2): 116-120.

张明炷,李远华,崔远来,等,1994. 非充分灌溉条件下水稻生长发育及生理机制研究[J]. 灌溉排水(4): 6-10.

张玉屏,李金才,黄义德,等,2001. 水分胁迫对水稻根系生长和部分生理特性的影响[J]. 安徽农业科学 (1):58-59.

张自常,孙小淋,陈婷婷,等,2010. 覆盖旱种对水稻产量与品质的影响[J]. 作物学报(2):285-295.

赵平,孙谷畴,彭少麟,1998. 植物氮素营养的生理生态学研究[J]. 生态科学(2):39-44.

赵言文,丁艳锋,陈留根,等,2001. 水稻旱育秧苗抗旱生理特性研究[J]. 中国农业科学(3):283-291.

郑丕尧,杨孔平,王经武,等,1990. 水、陆稻在水田、旱地栽培的生态适应性研究:Ⅱ. 稻株碳、氮代谢的生态适应性观察[J]. 中国水稻科学(2):69-74.

Ahmadi S H, Agharezaee M, Kamgar-Haghighi A A, et al. 2014. Effects of dynamic and static deficit and partial root zone drying irrigation strategies on yield, tuber sizes distribution, and water productivity of two field grown potato cultivars[J]. Agricultural Water Management, 134: 126-136.

Ai Y W, Liu X J, Zhang F S, et al. 2008. Influence of unflooded mulching cultivation on nitrogen uptake and utilization of fertilizer nitrogen by rice[J]. Communications in Soil Science and Plant Analysis, 39(7-8): 1056-1066.

Allen R G, Pereira L S, Raes D, et al. 1998. Crop evapotranspiration: guidelines for computing crop water requirements[J]. FAO Irrigation and Drainage Paper, (56): 300.

Arai-Sanoh Y, Ishimaru T, Ohsumi A, et al. 2010. Effects of soil temperature on growth and root function in Rice[J]. Plant Production Science, 13(3): 235-242.

Asseng S, Ritchie J T, Smucker A, et al. 1998. Root growth and water uptake during water deficit and recovering in wheat[J]. Plant and Soil, 201(2): 265-273.

Azhiri-Sigari T, Yamauchi A, Kamoshita A, et al. 2000. Genotypic variation in response of rainfed lowland rice to drought and rewatering: Ⅱ. Root growth[J]. Plant Production Science, 3(2): 180-188.

Belder, Bouman B A M, Cabangon R, et al. 2004. Effect of water-saving irrigation on rice yield and water use in typical lowland conditions in Asia[J]. Agricultural Water Management, 65(3): 193-210.

Borrell A, Garside A, Fukai S, 1997. Improving efficiency of water use for irrigated rice in a semi-arid tropical environment[J]. Field Crops Research, 52(3): 231-248.

Bouman B A M, 2007. A conceptual framework for the improvement of crop water productivity at different spatial scales[J]. Agricultural Systems, 93(1-3): 43-60.

Bouman B A M, 2001. Water-efficient management strategies in rice production[J]. International Rice Research Notes, 26(2): 17-22.

Bouman B A M, Peng S, Castaneda A R, et al. 2005. Yield and water use of irrigated tropical aerobic rice, systems[J]. Agricultural Water Management, 74(2): 87-105.

Bouman B A M, Tuong T P, 2001. Field water management to save water and increase its productivity in irrigated lowland rice[J]. Agricultural Water Management, 49(1): 11-30.

Chaves M M, 1991. Effects of water deficits on carbon assimilation[J]. Journal of Experimental Botany, 42 (234): 1-16.

Chen S K, Liu C W, 2002. Analysis of water movement in paddy rice fields (Ⅰ) experimental studies[J]. Journal of Hydrology, 260: 206-215.

Chu G, Chen T T, Wang Z Q, et al. 2014. Morphological and physiological traits of roots and their relationships with water productivity in water-saving and drought-resistant rice[J]. Field Crops Research, 162(SI): 108-119.

Connor D J, Hall A J, Sadras V O, 1993. Effect of nitrogen-content on the photosynthetic characteristics of sunflower leaves[J]. Australian Journal of Plant Physiology, 20(3): 251-263.

Dalton F N, Raats P A C, Gardner W R, 1975. Simultaneous uptake of water and solutes by plant roots[J]. Agronomy Journal, 67(3): 334-339.

Ding L, Gao C M, Li Y R, et al. 2015. The enhanced drought tolerance of rice plants under ammonium is related to aquaporin (AQP)[J]. Plant Science, 234: 14-21.

Dodd I C, Tan L P, He J, 2003. Do increases in xylem sap pH and/or ABA concentration mediate stomatal closure following nitrate deprivation? [J]. Journal of Experimental Botany, 54(385): 1281.

Evans J R, 1989. Photosynthesis and nitrogen relationships in leaves of C-3 plants [J]. Oecologia, 78 (1): 9-19.

Fan M S, Lu S H, Jiang R F, et al. 2012. Long-term non-flooded mulching cultivation influences rice productivity and soil organic carbon[J]. Soil Use and Management, 28(4): 544-550.

Fan M S, Liu X J, Jiang R F, et al. 2005. Crop yields, internal nutrient efficiency, and changes in soil properties in rice? wheat rotations under Non-Flooded mulching cultivation[J]. Plant and Soil, 277(1-2): 265-276.

Feddes R A, Kowalik P, Kolinskamalinka K., et al. 1976. Simulation of field water-uptake by plants using a soil-water dependent root extraction function[J]. Journal of Hydrology,31(1-2): 13-26.

Feddes R A,Kowalik P J,Zaradny H. 1978. Simulation of Field water use and crop yield[M]. Wageningen:Cent for Agricultural publishing and Documentation.

Ferrario-Mery S, Valadier M H, Foyer C H, 1998. Overexpression of nitrate reductase in tobacco delays drought-induced decreases in nitrate reductase activity and mRNA[J]. Plant Physiology, 117(1): 293-302.

Flexas J, Bota J, Loreto F, et al. 2004. Diffusive and metabolic limitations to photosynthesis under drought and salinity in C(3) plants[J]. Plant Biology, 6(3): 269-279.

Fukaki H, Tameda S, Masuda H, et al. 2002. Lateral root formation is blocked by a gain-of-function mutation in the SOLITARY-ROOT/IAA14 gene of Arabidopsis[J]. The Plant Journal, 29(2): 153-168.

Gao S Y, Pan W L, Koenig R T, 1998. Integrated root system age in relation to plant nutrient uptake activity [J]. Agronomy Journal, 90(4): 505-510.

Gao Y X, Li Y, Yang X X, et al. 2010. Ammonium nutrition increases water absorption in rice seedlings (Oryza sativa L.) under water stress[J]. Plant and Soil,331(1-2): 193-201.

Gastal F, Lemaire G N, 2002. Uptake and distribution in crops: an agronomical and ecophysiological perspective[J]. Journal of Experimental Botany, 53(370): 789-799.

Ghosh S C, Asanuma K, Kusutani A, et al. 2010. Effects of moisture stress at different growth stages on the amount of total nonstructural carbohydrate, nitrate reductase activity and yield of potato[J]. Japanese Journal of Tropical Agriculture, 44(3): 158-166.

Gowda V R P, Henry A, Yamauchi A, et al. 2011. Root biology and genetic improvement for drought avoidance in rice[J]. Field Crops Research, 122(1): 1-13.

Hageman R H, Reed A J, Femmer R A, et al. 1980. Some new aspects of the in vivo assay for nitrate reductase in wheat (triticum aestivum L.) Leaves: i. Reevaluation of nitrate pool sizes [J]. Plant Physiology, 65(1): 27-32.

Hasegawa T, Shimono H, 2001. Rice growth and developing limited by root zone temperature[J]. Proceedings of the sixth symposium of the International Society for Root Research:520-521.

He H B, Yang R, Chen L, et al. 2014. Rice root system spatial distribution characteristics at flowering stage and grain yield under plastic mulching drip irrigation (PMDI)[J]. Journal of Animal and Plant Sciences, 24(1): 290-301.

Henry A, Cal A J, Batoto T C, et al. 2012. Root attributes affecting water uptake of rice (*Oryza sativa*) under drought[J]. Journal of Experimental Botany, 63(13): 4751-4763.

Henry A, Swamy B P, Dixit S, et al. 2015. Physiological mechanisms contributing to the QTL-combination effects on improved performance of IR64 rice NILs under drought[J]. Journal of Experimental Botany, 66 (7): 1787-1799.

Ingwersen J, Streck T, 2005. A regional-scale study on the crop uptake of cadmium from sandy soils[J]. Journal of Environment Quality, 34(3): 1026.

Jiang Y, 2009. China's water scarcity[J]. Journal of Environmental Management, 90(11): 3185-3196.

Jin X X, Zuo Q, Ma W W, et al. 2016. Water consumption and water-saving characteristics of a ground cover rice production system[J]. Journal of Hydrology, 540: 220-231.

Ju C X, Buresh R J, Wang Z Q, et al. 2015. Root and shoot traits for rice varieties with higher grain yield and higher nitrogen use efficiency at lower nitrogen rates application[J]. Field Crops Research, 175: 47-55.

Kadiyala M D M, Jones J W, Mylavarapu R S, et al. 2015. Identifying irrigation and nitrogen best management practices for aerobic rice-maize cropping system for semi-arid tropics using CERES-rice and maize models [J]. Agricultural Water Management, 149: 23-32.

Kano-Nakatal M, Inukai Y, Wade L J, et al. 2011. Root development, water uptake, and shoot dry matter production under water deficit conditions in two CSSLs of rice: Functional Roles of Root Plasticity[J]. Plant Production Science, 14(4): 307-317.

Kato Y, Okami M, 2010. Root growth dynamics and stomatal behaviour of rice (*Oryza sativa* L.) grown under aerobic and flooded conditions[J]. Field Crops Research, 117(1): 9-17.

Kato Y, Okami M, 2011. Root morphology, hydraulic conductivity and plant water relations of high-yielding rice grown under aerobic conditions[J]. Annals of Botany, 108(3): 575-583.

Krcek M, Slamka P, Olsovska K, et al. 2008. Reduction of drought stress effect in spring barley (*Hordeum vulgare* L.) by nitrogen fertilization[J]. Plant Soil and Environment, 54(1): 7-13.

Kuwagata T, Ishikawa-Sakurai J, Hayashi H, et al. 2012. Influence of low air humidity and low root temperature on water uptake, growth and aquaporin expression in rice plants[J]. Plant and Cell Physiology, 53(8): 1418-1431.

Lei S, Yun Q, Feng J, et al. 2009. Physiological mechanism contributing to efficient use of water in field tomato under different irrigation[J]. Plant Soil and Environment, 55(3): 128-133.

Li S, Zuo Q, Wang X Y, et al. 2017. Characterizing roots and water uptake in a ground cover rice production system[J]. Plos One, 12(7):1807-1813.

Li Z T, Yang J Y, Drury C F, et al. 2015, Evaluation of the DSSAT-CSM for simulating yield and soil organic C and N of a long-term maize and wheat rotation experiment in the Loess Plateau of Northwestern China[J]. Agricultural Systems, 135: 90-104.

Liang H, Hu K L, Qin W, et al. 2017. Modelling the effect of mulching on soil heat transfer, water movement and crop growth for ground cover rice production system[J]. Field Crops Research, 201: 97-107.

Lin S, Dittert K, Tao H B, et al. 2002. The ground-cover rice production system (GCRPS): a successful new approach to save water and increase nitrogen fertilizer efficiency[J]. Water-wise Rice Production: 187-195.

Liu M J, Liang W L, Qu H, et al. 2014. Ground cover rice production systems are more adaptable in cold regions with high content of soil organic matter[J]. Field Crops Research, 164: 74-81.

Liu M J, Lin S, Dannenmann M, et al. 2003. Do water-saving ground cover rice production systems increase grain yields at regional scales? [J]. Field Crops Research, 2013, 150: 19-28.

Liu X J, Wang J C, Lu S H, et al. 2013. Effects of non-flooded mulching cultivation on crop yield, nutrient uptake and nutrient balance in rice-wheat cropping systems[J]. Field Crops Research, 83(3): 297-311.

Liu X J, Ai Y W, Zhang F S, et al. 2005. Crop production, nitrogen recovery and water use efficiency in rice-wheat rotation as affected by non-flooded mulching cultivation (NFMC) [J]. Nutrient Cycling in Agroecosystems, 71(3): 289-299.

Mahdavi B, Sanavy S, Saberali S F, et al. 2010. Influence of root-zone temperature on growth and nitrogen fixation in three Iranian grasspea landraces[J]. Acta Agriculturae Scandinavica Section Soil and Plant Science, 60(1): 40-47.

Makino A, Nakano H, Mae T, 1994. Responses of Ribulose-1,5-Bisphosphate Carboxylase, Cytochrome f, and sucrose synthesis enzymes in rice leaves to leaf nitrogen and their relationships to photosynthesis[J]. Plant Physiology, 105(1): 173-179.

Maroco J P, Rodrigues M L, Lopes C, et al. 2002. Limitations to leaf photosynthesis in field-grown grapevine under drought-metabolic and modelling approaches[J]. Functional Plant Biology, 29: 451-459.

Matsuo N, Ozawa K, Mochizuki T, 2009. Genotypic differences in root hydraulic conductance of rice (*Oryza sativa* L.) in response to water regimes[J]. Plant and Soil, 316(1-2): 25-34.

Matsuo N, Ozawa K, Mochizuki T, 2010. Physiological and morphological traits related to water use by three rice (*Oryza sativa* L.) genotypes grown under aerobic rice systems[J]. Plant and Soil, 335(1-2): 349-361.

Meyer W S, Tan C S, Barrs H D, et al. 1990. Root-growth and water-uptake by wheat during drying of undisturbed and repacked soil in drainage lysimeters[J]. Australian Journal of Agricultural Research, 41(2): 253-265.

Mullet J E, Whitsitt M S, 1996. Plant cellular responses to water deficit[J]. Plant Growth Regulation, 20(2): 119-124.

Mari M H, Tsuneo K, Junko S, et al. 2008. Effect of low root temperature on hydraulic conductivity of rice plants and the possible role of aquaporins[J]. Plant and Cell Physiology, 49(9): 1294-1305.

Nagasuga K, Murai-Hatano M, Kuwagata T, 2011. Effects of low root temperature on dry matter production and root water uptake in rice plants[J]. Plant Production Science, 14(1): 22-29.

Ning S R, Shi J C, Zuo Q, et al. 2015. Generalization of the root length density distribution of cotton under film mulched drip irrigation[J]. Field Crops Research, 177: 125-136.

North G B, Nobel P S, 2000. Heterogeneity in water availability alters cellular development and hydraulic conductivity along roots of a desert succulent[J]. Annals of Botany, 85(2): 247-255.

Novriyanti E, Watanabe M, Makoto K, et al. 2012. Photosynthetic nitrogen and water use efficiency of acacia and eucalypt seedlings as afforestation species[J]. Photosynthetica, 50(2): 273-281.

Ojha C, Rai A K, 1996. Nonlinear root-water uptake model[J]. Journal of Irrigation and Drainage Engineering-Asce, 122(4): 198-202.

Parry M, Andralojc P J, Khan S, et al. 2002. Rubisco activity: Effects of drought stress[J]. Annals of Botany, 89(SI): 833-839.

Peret B, Larrieu A, Bennett M J ,2009. Lateral root emergence: a difficult birth[J]. Journal of Experimental Botany, 60(13): 3637-3643.

Phogat V, Yadav A K, Malik R S, et al. 2010. Simulation of salt and water movement and estimation of water productivity of rice crop irrigated with saline water[J]. Paddy and Water Environment, 8(4): 333-346.

Pierret A, Moran C J, Doussan C, 2005. Conventional detection methodology is limiting our ability to understand the roles and functions of fine roots[J]. New Phytologist, 166(3): 967-980.

Poorter H, Ryser P ,2015. The limits to leaf and root plasticity: what is so special about specific root length? [J]. New Phytologist, 206(4): 1188-1190.

Porter R, Evans D V ,1999. Rayleigh Bloch surface waves along periodic gratings and their connection with trapped modes in waveguides[J]. Journal of Fluid Mechanics, 386(386): 233-258.

Prasad R ,1988. A linear root water-uptake model[J]. Journal of Hydrology, 99(3-4): 297-306.

Qu H, Tao H B, Tao Y Y, et al. 2012. Ground cover rice production system increases yield and nitrogen recovery efficiency[J]. Agronomy Journal, 104(5): 1399-1407.

Rabe E, 1990. Stress physiology: the functional significance of the accumulation of nitrogen-containing compounds[J]. Journal of Horticultural Science, 65(3): 231-243.

Reich P B, Walters M B, Tabone T J ,1989. Response of Ulmus americana seedlings to varying nitrogen and water status. 2 Water and nitrogen use efficiency in photosynthesis[J]. Tree Physiology, 5(2): 173-184.

Rodrigo A, Recous S, Neel C, et al. 1997. Modelling temperature and moisture effects on C-N transformations in soils: comparison of nine models[J]. Ecological Modelling, 102(2-3): 325-339.

Ruegger M, Dewey E, Gray W M, et al. 1998. The TIR1 protein of Arabidopsis functions in auxin response and is related to human SKP2 and yeast grr1p[J]. Genes Dev, 12(2): 198-207.

Schoups G, Hopmans J W ,2002. Analytical model for vadose zone solute transport with root water and solute uptake[J]. Vadose Zone Journal, 1(1): 158-171.

Seck P A, Diagne A, Mohanty S, et al. 2012. Crops that feed the world 7: Rice [J]. Food Security, 4 (1): 7-24.

Shahnazari A, Liu F L, Andersen M N, et al. 2007. Effects of partial root-zone drying on yield, tuber size and water use efficiency in potato under field conditions[J]. Field Crops Research, 100(1): 117-124.

Shi J C, Ben-Gal A, Yermiyahu U, et al. 2013. Characterizing root nitrogen uptake of wheat to simulate soil nitrogen dynamics[J]. Plant and Soil, 363(1-2): 139-155

Shi J C, Li S, Zuo Q, et al. 2015. An index for plant water deficit based on root-weighted soil water content [J]. Journal of Hydrology, 522: 285-294.

Shi J C, Yasuor H, Yermiyahu U, et al. 2014. Dynamic responses of wheat to drought and nitrogen stresses during re-watering cycles[J]. Agricultural Water Management, 146: 163-172.

Shi J C, Zuo Q ,2009. Root water uptake and root nitrogen mass of winter wheat and their simulations[J]. Soil Science Society of America Journal, 73(6): 1764-1774.

Shi J C, Zuo Q, Zhang R D ,2007. An inverse method to estimate the Source-Sink term in the nitrate transport equation[J]. Soil Science Society of America Journal, 71(1): 26.

Shimono H, Hasegawa T, Fujimura S, et al. 2004. Responses of leaf photosynthesis and plant water status in rice to low water temperature at different growth stages[J]. Field Crops Research, 89(1): 71-83.

Shimono H, Hasegawa T, Iwama K ,2002. Response of growth and grain yield in paddy rice to cool water at different growth stages[J]. Field Crops Research, 73(2-3): 67-79.

Singh R, van Dam J C, Feddes R A ,2006. Water productivity analysis of irrigated crops in Sirsa district, India

[J]. Agricultural Water Management, 82(3): 253-278.

Stitt M, 1999. Nitrate regulation of metabolism and growth [J]. Current Opinion in Plant Biology, 2 (3): 178-80.

Stoop Willem A, Uphoff N, Kassam A, 2002. A review of agricultural research issues raised by the system of rice intensification (SRI) from Madagascar: opportunities for improving farming systems for resource-poor farmers[J]. Agricultural Systems, 71(3): 249-274.

Stuerz S, Sow A, Muller B, et al. 2014. Leaf area development in response to meristem temperature and irrigation system in lowland rice[J]. Field Crops Research, 163: 74-80.

Taleisnik E, Peyrano G, Cordoba A, et al. 1999. Water retention capacity in root segments differing in the degree of exodermis development[J]. Annals of Botany, 83(1): 19-27.

Tan X Z, Shao D G, Gu W Q, et al. 2015. Field analysis of water and nitrogen fate in lowland paddy fields under different water managements using HYDRUS-1D[J]. Agricultural Water Management, 150: 67-80.

Tao H B, Brueck H, Dittert K, et al. 2006. Growth and yield formation of rice (*Oryza sativa* L.) in the water-saving ground cover rice production system (GCRPS)[J]. Field Crops Research, 95(1): 1-12.

Tao Y Y, Qu H, Li Q J, et al. 2014. Potential to improve N uptake and grain yield in water saving ground cover rice production system[J]. Field Crops Research, 168: 101-108.

Tao Y Y, Zhang Y N, Jin X X, et al. 2015. More rice with less water-evaluation of yield and resource use efficiency in ground cover rice production system with transplanting[J]. European Journal of Agronomy, 68: 13-21.

van Genuchten M T, 1980. A closed form equation for predicting the hydraulic conductivity of unsaturated soils [J]. Soil Science Society of America Journal, 44(5): 892-898.

Wang F X, Kang Y H, Liu S P, 2006. Effects of drip irrigation frequency on soil wetting pattern and potato growth in North China Plain[J]. Agricultural Water Management, 79(3): 248-264.

Wu J Q, Zhang R D, Gui S X, 1999. Modeling soil water movement with water uptake by roots[J]. Plant and Soil, 215(1): 7-17.

Xie Q, Frugis G, Colgan D, et al. 2000. Arabidopsis NAC1 transduces auxin signal downstream of TIR1 to promote lateral root development[J]. Genes & Development, 14(23): 3024-3036.

Xu G W, Zhang J H, Lam H M, et al. 2007a. Hormonal changes are related to the poor grain filling in the inferior spikelets of rice cultivated under non-flooded and mulched condition[J]. Field Crops Research, 101 (1): 53-61.

Xu G W, Zhang Z C, Zhang J H, et al. 2007b. Much improved water use efficiency of rice under non-flooded mulching cultivation[J]. Journal of Integrative Plant Biology, 49(10): 1527-1534.

Xu L, Chen H, Xu J J, et al. 2014. Nitrogen transformation and plant growth in response to different urea-application methods and the addition of DMPP[J]. Journal of Plant Nutrition and Soil Science, 177: 271-277.

Xu W, Cui K H, Xu A H, et al. 2015. Drought stress condition increases root to shoot ratio via alteration of carbohydrate partitioning and enzymatic activity in rice seedlings[J]. Acta Physiologiae Plantarum, 37(2): 1-11.

Xu Z Z, Yu Z W, 2006. Nitrogen metabolism in flag leaf and grain of wheat in response to irrigation regimes [J]. Journal of Plant Nutrition and Soil Science, 169(1): 118-126.

Xu Z Z, Zhou G S, 2005. Effects of water stress on photosynthesis and nitrogen metabolism in vegetative and reproductive shoots of Leymus chinensis[J]. Photosynthetica, 43(1): 29-35.

Xue Q, Zhu Z, Musick J T, et al. 2003. Root growth and water uptake in winter wheat under deficit irrigation [J]. Plant and Soil, 257(1): 151-161.

Yamauchi A, Kono Y, Tatsumi J, 1987. Quantitative-analysis on root-system structures of upland rice and maize[J]. Japanese Journal of Crop Science, 56(4): 608-617.

Yang J M, Yang J Y, Liu S, et al. 2014. An evaluation of the statistical methods for testing the performance of crop models with observed data[J]. Agricultural Systems, 127: 81-89.

Yoshida S, Forno D, Cock J H, et al. 1976. Laboratory manua(for physiological studies of rice[M]. Laguna: International Rice Research Institute.

Zhang H, Xue Y G, Wang Z Q, et al. 2009. Morphological and physiological traits of roots and their relationships with shoot growth in super rice[J]. Field Crops Research, 113(1): 31-40.

Zhang Z C, Zhang S F, Yang J C, et al. 2008. Yield, grain quality and water use efficiency of rice under non-flooded mulching cultivation[J]. Field Crops Research, 108(1): 71-81.

Zhao C Z, Liu Q, 2012. Effects of soil warming and nitrogen fertilization on leaf physiology of Pinus tabulaeformis seedlings[J]. Acta Physiologiae Plantarum, 34(5): 1837-1846.

Zhu X M, Zuo Q, Shi J C, 2010. Analyzing soil soluble phosphorus transport with root-phosphorus-uptake applying an inverse method[J]. Agricultural Water Management, 97(2): 291-299.

Zuo Q, Zhang R D, Shi J C, 2013. Characterization of the root length density distribution of wheat using a generalized function[J]. Soil Science Society of America: 93-117.